OS X 10.9
Mavericks

小牛版应用秘技特训营

王巧伶 等编著

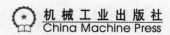

机械工业出版社
China Machine Press

图书在版编目（CIP）数据

OS X 10.9 Mavericks小牛版应用秘技特训营 / 王巧伶等编著. -- 北京：机械工业出版社，2014.6

ISBN 978-7-111-46985-8

Ⅰ.①O… Ⅱ.①王… Ⅲ.①操作系统－教材 Ⅳ.①TP316

中国版本图书馆CIP数据核字（2014）第124075号

　　本书采用图文并茂、循序渐进的方式为读者阐述了最新 OS X 10.9 操作系统——代号 Mavericks（小牛）的详细操作方法，在各个功能应用的讲解中作者穿插了 150 个长期积累摸索出的操作秘技，让读者便捷体验 OS X 这一神奇的操作系统，轻松享受苹果系统超一流的智能文件管理、网络办公、多媒体娱乐和生活应用。

　　本书力图帮助读者以最快的速度掌握最新的 Mavericks 系统的使用，也适合苹果电脑的初学者和爱好者阅读，尤其适合作为苹果电脑软件培训班的教材使用。

OS X 10.9 Mavericks小牛版应用秘技特训营

王巧伶　等编著

出版发行：机械工业出版社（北京市西城区百万庄大街22号　邮政编码：100037）

责任编辑：夏非彼　迟振春

印　　刷：中国电影出版社印刷厂　　　　　　　　　　版　　次：2014年7月第1版第1次印刷

开　　本：188mm×260mm　1/16　　　　　　　　　印　　张：25.25

书　　号：ISBN 978-7-111-46985-8　　　　　　　　定　　价：59.00元

前　言

全新一代的苹果 OS X 10.9 操作系统，代号 Mavericks（小牛），相对于前几代的系统而言，它添加了更多炫酷而又实用的功能，将 OS X 和 iOS 系统更加融合化，使它们的联系更为密切，从而使 Mac 的扩展性大大提高了，这对于同时拥有 Mac 和 iOS 设备的用户而言无疑是个很好的消息。

本书集笔者多年来对苹果设备的青睐、功能摸索积累的经验，以及对 Mavericks（小牛）的探索于一身，力图为读者打开 OS X 这扇窗，用最简洁明了的方式帮助读者在最短的时间里玩转 Mac，同时通过图文并茂的方式阐述了 OS X 系统的详细操作方法，让读者逐步感受 Mavericks 这一神奇的操作系统，真正领略 OS X 操作系统的精彩。

应用 Windows 操作系统的用户也可阅读本书，并加以举一反三、融汇贯通后就能快速上手 OS X。同时针对用过 OS X 甚至 OS X 的操作熟手，本书特意在讲解中穿插了许多实用的操作技巧及隐藏功能。

无论你是首次接触 OS X 还是忠实的 OS X 老 Fans，通过阅读本书都可以在 OS X 系统中看到全新的一片蓝天，就如同当初第一次遇见 OS X 时的那份愉悦、欣喜和激动。

本书由王巧伶主编，同时参与编写的还有张四海、余昊、贺容、王英杰、崔鹏、桑晓洁、王世迪、吕保成、蔡桢桢、王红启、胡瑞芳、王翠花、夏红军、李慧娟、杨树奇、陈家文、王香、杨曼、马玉旋、张田田、谢颂伟、张英、石珍珍、陈志祥等。在创作的过程中，由于时间仓促，错误在所难免，希望广大读者批评指正。如果在学习过程中发现问题或有更好的建议，欢迎发邮件到 bookshelp@163.com 与我们联系。

编者
2014 年 3 月

目　录

第 1 章　首次接触 Mac

本章从 Mac 的发展史讲起，并回顾了 Mac OS X 的历代版本。详细讲解了 Mac OS X Mavericks 系统的新特性及特色功能，并简单的介绍了 Mavericks 的常用功能及苹果电脑的基础入门知识。

1.1　全新功能

苹果公司于 2013 年 6 月 10 日正式发布了自家最新一代的桌面操作系统 Mac OS X Mavericks。令人欣喜的是 Mac OS X Mavericks 相比前几代拥有更强的性能、更持久的电池续航能力，同时在最新版本系统中苹果加入了多达十项的改进，让原来就好用的 Mac 变得更加好用，在本章中读者可以了解全新一代的操作系统。

1.1.1　全新浏览器

与最新版的 iOS 7 中全新的 Safari 浏览器一样，Mac OS X Mavericks 系统也内置最新版本的浏览器，为用户提供了方便的主屏快捷方式、共享链接等新功能。同时，浏览器引擎也进行了升级，提供了更高的 JavaScript 性能。新版 Safari 还优化了内存占用率和功耗，相比其他第三方浏览器更加可靠、省电。

1.1.2　App Nnp

App Nap 是一个全新的系统架构功能，可以监视每一个正在运行的应用程序，以确定它应该使用怎样的处理器、网络和磁盘优先级别。就像它的名字一样，如果一个应用程序被最小化，系统便会让其进入睡眠状态，以释放资源，从而使系统响应速度不会受到影响。如此一来，设备的续航能力就得到了大大的提高。

1.1.3　日历

全新的日历功能在界面上进行了改善，大幅提升了易用性，其中还内置了建议引擎，如果你不确定如何设置晚餐的时间，它能够根据你的上一次活动来计算时间，以确保你能够按时进行下一个计划。

1.1.4　地图

地图功能是 Mac 系统引入 iOS 的另一个重点，用户可以在 Mac 中使用地图应用，查看相关的兴趣点，并进行标记，还能够将详细信息发送到 iPhone 或是 iPad 等设备上。

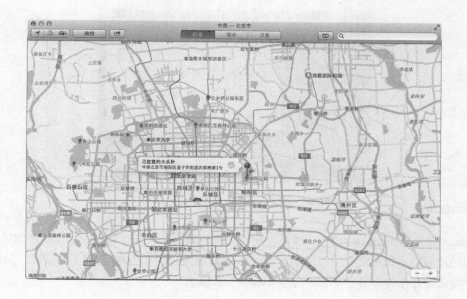

1.1.5　iCloud 钥匙串

在新版本系统中，苹果公司将更多的 iOS 功能整合到 Mac 上，实现更加统一的服务。Mac OS X Mavericks 也支持 iOS 7 中的 iCloud 钥匙串功能，可以存储各种复杂的密码，并且与 iOS 的其他设备同步。

1.1.6　快速回复

当好友发送 iMessage、社交信息等内容时，可以在通知区域的对话框内直接回复，不必进入到应用程序本身。

1.1.7 iBooks

在 Mac OS X Mavericks 系统中，也可以使用令人喜爱的苹果 iBooks 服务了，如果你曾经在 iOS 设备上购买过书籍，那么这些书籍现在都可以在 Mac 上观看了。虽然没有了触摸屏，但是可以通过各种手势来进行操作，各种标记、分享功能也十分强大。

1.1.8 文件标签

Mac OS X Mavericks 系统允许你为文件创建标签，就像在使用印象笔记一样，可以轻松地管理整个文件系统，不会再发生找不到文件的状况。在创建标签的时，还可以为标签指定颜色。

1.1.9 分页搜索

在 Mac OS X Mavericks 中，Finder 文件管理器开始支持分页浏览，就像各种流行的 Web 浏览器一样，可以打开一个新的选项卡进行搜索，这样便不会失去当前的文件窗口，同时，还可以随时对正在进行的工作进行切换，它是一个极其受用而又十分方便的新功能。

1.1.10 多屏显示

有时候由于工作的需求，多屏显示是十分必要的。Mac OS X Mavericks 系统也配备了更好的多屏显示支持功能，可以在第二个显示屏上显示更多的内容。例如，将你在 MacBook Air 中进行的工作在大屏幕的 iMac 上显示。

1.1.11 Resume

在 OS X 中有一个非常实用的"Resume（恢复）"功能，在执行关机操作的过程中，勾选"再次登录时重新打开窗口"，然后再单击"关机"按钮。这样在下次登录时，系统就会将关机时打开的窗口重新打开，效果和 Windows 中的"待机"功能十分相似。

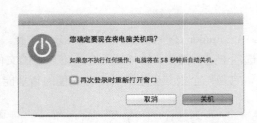

秘技一点通 01

　　与 Windows 系统中的关机程序不同的是，在这里执行"关机"命令后不会立即关机，而是以一个 60 秒钟的倒计时形式来执行此命令。有了这个功能后，我们可以在执行"关机"命令后，如果发现有未保存的文档、照片等，而取消此命令，然后保存文件后再次执行"关机"命令，相当于加了一道保险。

秘技一点通 02——锁定屏幕

　　单击 Finder 图标，在出现的窗口中选择"应用程序"｜"实用工具"｜"钥匙串访问"，执行 Safari 应用程序菜单中的"编辑钥匙串访问"｜"偏好设置"命令，单击"通用"选项标签，勾选"在菜单栏中显示钥匙串状态"，然后在你需要离开时就可以直接锁定屏幕了。

1.2　初识 Mavericks

　　在 OS X 中，每一个在本机上创建的用户都将拥有一个自己的用户主目录，只有登录了自己的用户名才可以浏览主目录，在非授权的情况下，其他用户是无法浏览的。默认情况下，当前用户的主目录的"公共"文件夹中有一个名为"投件箱"的文件夹，其他用户可以将文件放置于该投件箱中，但是无法浏览投件箱中的内容。

默认情况下，"投件箱"文件夹的功能就是接收来自其他用户的文件，同时无须配置共享。

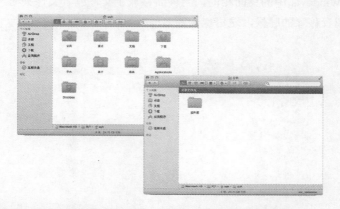

秘技一点通 03——更换 Launchpad 效果

在 Launchpad 模式下按住 control + option + ⌘ 然后按 B 键会发现 Launchpad 的背景变了，再按 B 键会出现另外一种效果，在 Mac 中，共有 5 种效果。

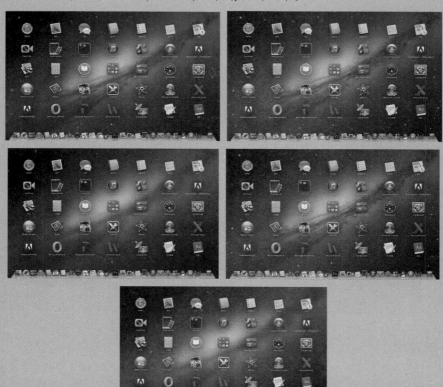

1.2.1 桌面

这里的桌面与 Windows 中的桌面相同，当桌面存放了文件或者文件夹时，都会出现在这里，当桌面的项目增加或者移除的时候，这里也会随之改变。

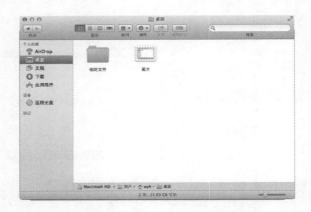

秘技一点通04——快速归类

同时选中多个对象按住 shift 键和 option 键的同时，再按 N 键可快速地将这些对象归类到一个文件夹中

1.2.2 应用程序

本机中自带的应用程序以及用户每一次安装的应用程序都存放于此处，在这里可以找到所有需要的应用程序。

1.2.3　个人文件

当打开 Finder 后，默认显示的就是此文件夹，在这里可以看到当前用户的所有文件，同时由于这里的文件及文件夹数量众多，用户可以选择在此创建智能文件夹。

1.2.4　音乐

当用户使用 iTunes 对音乐及多媒体文件进行整理时，程序会在"音乐"文件夹中创建一个媒体库；若使用一个库文件夹来存放所有的多媒体数据，程序会创建一个普通的文件夹，当需要备份媒体库时，只需要备份这个库中的文件夹即可。另外，当用户使用 GarageBand 创作的自己的音乐作品文件也会存放于此处。

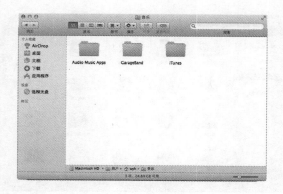

1.2.5 影片

在使用 iMove 来管理系统中的影片文件时，会在"影片"文件夹中创建一个工程文件夹，而且在此处可以看到 iMove 的资源库。

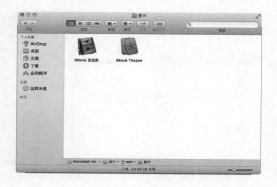

1.2.6 图片

在 OS X 中，"图片"文件夹默认用于存放用户的照片或者图片文件，图片编辑类程序也存放在此。比如，系统中自带的 iPhoto 程序，当用户使用它来管理图片时，程序会在这里创建一个名为 iPhoto Library 的文件夹，iPhoto 中的所有照片都存放于此。同样 Photo Booth 中的图片也存放于此。

在其程序名称上右击鼠标，从弹出的快捷菜单中选择"显示简介"命令，可以查看当前程序的详细信息，同时还可以显示或者隐藏扩展名。

1.2.7　文稿

　　默认情况下，"文稿"文件夹用于存放各类文档，比如 iWork、Word、PPT 等，虽然这类程序在默认的情况下存放于此，但是用户也可以根据个人习惯对文件或者程序来归类。

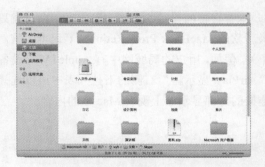

1.2.8　快速查看

　　在 Finder 打开的状态下，选择菜单栏中的"文件"｜"快速查看"（当前计算机用户名）命令，即可显示当前用户的大小、项目数、创建及修改时间。

1.2.9 下载

当用户使用 Safari 下载文件或者程序时，默认下载文件的存放地址都是在这里。

1.2.10 显示器

如果用户使用的是 Mac 本身自带的显示器，则在设置显示项时就只有分辨率、缩放、亮度等设置选项；如果使用的是最新款的 MacBook Pro（Retina）笔记本电脑，则在这里还会有一个"是否开启 HIDPI 分辨率"的开关。假如，用户的局域网中有 AppleTV 等设备，则说明它是支持 AirPlay 镜像的，同时在左下角的"AirPlay 显示器"右侧的下拉列表中可以选择已经连接的显示器，当启动显示输出之后，可以在连接的外部显示器上观看 Mac 上的内容。

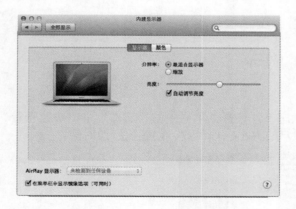

1.2.11 第三方应用

假如用户安装了部分第三方应用，则在运行程序并创建数据的时候，程序会自动在此创建一个文件夹以保存创建的数据。

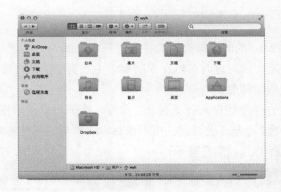

1.2.12　快速搜索

了解 Mac 的用户都知道，在 Finder 窗口的右上角有一个搜索框，当打开 Finder 之后，在出现的搜索框中输入"风景"，然后在搜索文本框的下方将弹出一个"名称匹配"，单击"名称匹配"即可激活扩展搜索选项，此时搜索框中将出现一个"名称"按钮。

单击"名称"按钮，可以看到弹出的两个选项，当选择"文件名"时，此时的搜索结果将会是所有和"风景"相关的文件夹，而选择"全部"时，此时将扩大搜索范围，可以搜索出包括风景在内的文档及其他相关的文件。

1.2.13 帮助

每个用户在首次接触 Mac 的时候总会遇到很多问题，又或者是之前一直使用 Windwos 系统，面对新的操作系统有些手足无措，这时可以在帮助菜单中找到所需的内容，同时 Mac 为用户提供了十分好用且具人性化的帮助功能。

比如打开 Finder 后，在菜单栏中选择"帮助"命令，在弹出的搜索框中输入"全选"关键词，之后搜索框会弹出一个包含"全选"关键词的所有条目以供查看，同时将光标移至下拉列表中的菜单项上，此命令将自动执行并且以高亮显示。

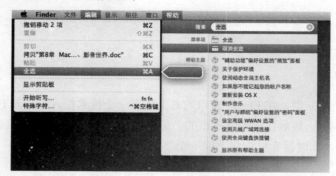

1.2.14 网络连接

在桌面中单击左上角的"苹果菜单" 图标，在弹出的菜单中选择"系统偏好设置"命令，在出现的设置面板中双击"网络"图标，打开网络偏好设置，无论当前用户使用何种方法连接互联网，单击面板右下角的"高级"按钮，可以看到关于网络的高级设置项。

这里说明 PPPoE 的具体定义：现在很多家用计算机大多是使用 ADSL 连接至互联网，而这个 ADSL 则是通过 PPPoE 进行拨号的，在"网络"设置面板左侧边栏中选中 PPPoE，在右侧的界面中输入由 ISP 服务商提供的账户名称和密码，单击"连接"按钮即可，同时勾选左下角的"在菜单栏中显示 PPPoE 状态"复选框，则以后只单击菜单栏中的 PPPoE 图标即可连接。

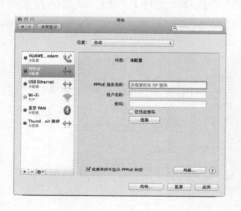

VPN 服务，创建 VPN 连接的方法很简单，在"网络"偏好设置面板中单击左下角的 + 图标，在弹出的对话框中单击"接口"右侧的下拉列表，选择"VPN"。

选择完成后单击"创建"按钮，即可创建一个 VPN 连接，在面板右侧可以看到"配置"右侧的下拉列表，默认情况下无需设置，输入服务器地址及账户名称后单击"连接"即可，同时勾选左下角的"在菜单栏中显示 VPN 状态"复选框后，可以在菜单栏中显示 VPN 连接状态。

1.2.15　网络接口顺序

当 Mac 中有多个网络接口可以连接至互联网时，可以在"网络"偏好设置面板中调整连接顺序，指定选择部分连接的优先级，单击"网络"偏好设置面板左下角的 ✿ 图标，在弹出的列表中选择"设定服务顺序"命令，此时将弹出一个更改服务顺序的对话框，拖动想要更改连接顺序的名称上下移动，完成这后单击"好"按钮，即可完成顺序的更改。

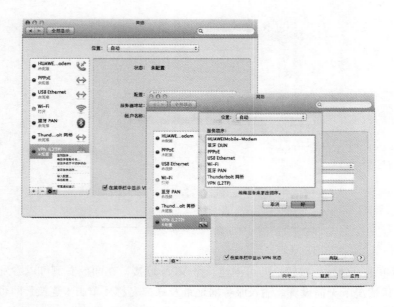

1.3　学用键盘、鼠标及触控板

　　Mac 的键盘、鼠标的与 PC 的键盘、鼠标基本相似，但其操作方式和功能键的使用与 PC 又有所不同。下面就来看看，Mac 键盘、鼠标及触控板的使用方法，以便我们能更加轻松地操控 Mac。

1.3.1　触控鼠标

　　iMac 用户必备的工具之一就是鼠标。OS X 原装的 Apple 蓝牙触控鼠标乍看之下，其表面光滑，什么也没有。实际上，简洁的外表下是一整块多点触控面板，同时也能分辨左右键与滚轮功能。此外，它还支持多点触控的操作手势。

iMac 无线蓝牙鼠标——Magic Mouse

　　每个人对鼠标的使用习惯都不同，所以 Mac 鼠标的默认设置也不见得完全符合我们的需求，因此，要先来进行鼠标的设置。

（1）设置蓝牙鼠标

单击 Dock 工具栏中的"系统偏好设置"图标，打开"系统偏好设置"窗口，然后再单击"鼠标"图标。

（2）设置蓝牙无线鼠标

如果用户有蓝牙无线鼠标，则在"系统偏好设置"|"鼠标"偏好设置窗口中，单击"设置蓝牙鼠标"按钮开始设置。

进入设置页面之后，系统就会自动搜索蓝牙鼠标。找到之后单击"继续"按钮即可。

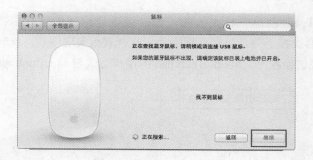

（3）设置 PC 鼠标

如果把一般 PC 鼠标连接上 Mac 主机，则在打开"系统偏好设置"|"鼠标"偏好设置窗口后，会看到如下窗口。

❶ 滚动方向:自然：如果勾选此复选框，则在使用滚轮功能时，滚轮的滚动方向与手指的移动方向一致。

❷ 跟踪速度/滚动速度/连按速度：调整鼠标各项动作的灵敏度。"跟踪速度"设置鼠标移动的灵敏度；"滚动速度"设置滚轮的灵敏度；"连按速度"决定"双击"这个动作之间允许的时间间隔。

❸ 鼠标主按钮：用来单击和打开文件，等同于 PC 鼠标上的左键。

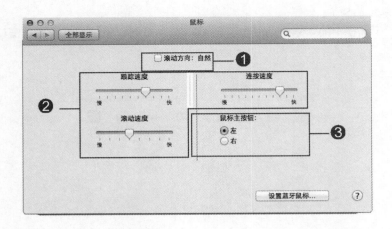

1.3.2　触控板

目前除了 Mac 笔记本电脑搭配了超强触控板外，iMac 也搭配了蓝牙触控板。不过，通常在购买 iMac 时，其标配只有键盘和鼠标，并没有触控板。如果用户已经习惯了使用笔记本电脑的触控板，想要使用多触控手势，则可另行购买蓝牙触控板——Magic Trackpad。

1. 认识触控板

整个 Magic Trackpad 就是一枚大大的按钮，可以让你随处进行单击和双击操作。Magic Trackpad 还支持一整套操控手势，包括双指滚动，开合双指实现缩放，旋转指尖，三指轻扫，以及四指激活 Exposé 或切换程序。Magic Trackpad 的操作方式与 MacBook 触控板相同。

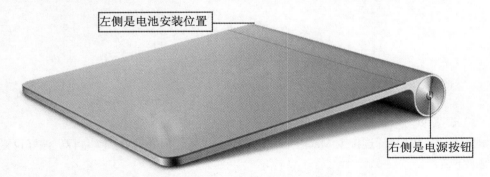

整个触控板就是按键的 Magic Trackpad

每个笔记本电脑键盘的下方都有一块触控板，用户可以通过它来对电脑进行操作。而使用 iMac 的用户，则可另购 Magic Trackpad（蓝牙触控板）来对电脑进行操作。而这两者的操作手势完全一样。

MacBook 触控板

2. 让触控板智能化

单击 Dock 工具栏中的"系统偏好设置"图标，打开"系统偏好设置"窗口，再单击"触控板"图标。如果 iMac 添加了蓝牙触控板，记得要先按下触控板右侧的电源按钮，打开蓝牙才能让电脑搜索到设备，然后再单击"继续"按钮即可。

（1）学习"点按"手势

在打开的"触控板"偏好设置窗口中，首先切换到"光标与点按"标签，即可看到与点按有关的手势。

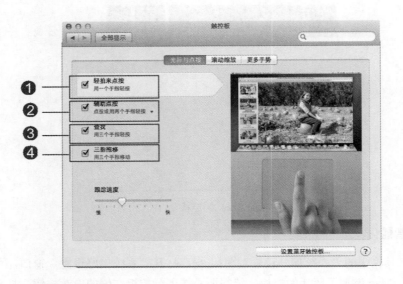

① 轻拍来点按

该功能就是用一个手指轻点触控板的表面，即可进行鼠标左键的动作。

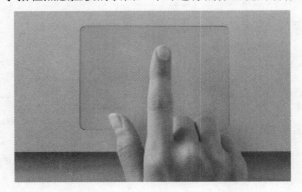

② 辅助点按

设置轻点右下角或左下角为打开辅助功能，相当于鼠标右键的功能。如果第一个"轻拍来点按"功能已打开，则可以设置为点按或用两个手指轻点；如果没有打开，则只有用两个手指点按。另外，还可以设置为点按触控板的右下角或左下角来打开辅助功能。

❸ 查找

　　使用三指在网页或文件中的英文单词上轻点，则系统会选择英文单词，并用系统内置的字典快速查找单词的解释与相关数据。

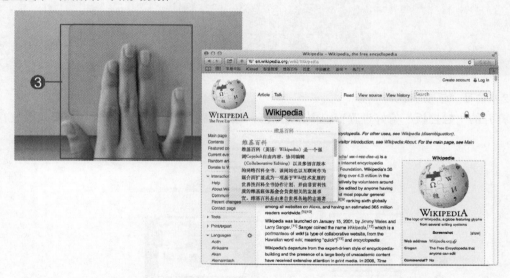

❹ 三指拖移

　　打开该功能后，只须把鼠标光标移动到需要拖移的窗口上，再把三个手指放到触控板上滑动（无须按下）就可移动窗口的位置，或选中的文字及图标。

秘技一点通 05

在桌面上用三个手指在触控板上滑动，即可框选桌面图标。

（2）学习"滚动缩放"手势

在打开的"触控板"偏好设置窗口中，切换到"滚动缩放"标签，即可看到与滚动缩放有关的手势。

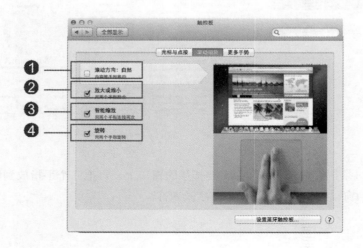

❶滚动方向：自然

　　使用两个手指在触控板中上下滑动做出滚轮的效果。自然的滚动方向表示内容随手指移动的方向移动。这与 Windows 系统中使用鼠标滚轮滚动的方向正好相反的。

❷放大或缩放

　　用两个手指在触控板上做合拢动作来缩小图片或文字；以及用两个手指在触控板上做分开动作来放大图片或文字。

❸智能缩放

用两个手指在触控板上连按两次可放大查看画面；再次连按两次可恢复到原来的显示比例。

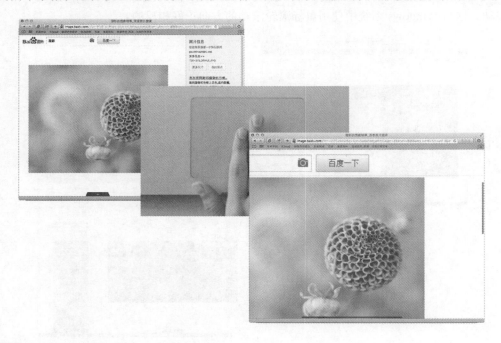

❹旋转

用两个手指在触控板上进行顺时针或者逆时针旋转，以此来旋转 iPhoto 或预览程序里的照片。

（3）学习"更多手势"操作

在打开的"触控板"偏好设置窗口中，首先切换到"更多手势"标签，即可看到与更多手势的操作手势。

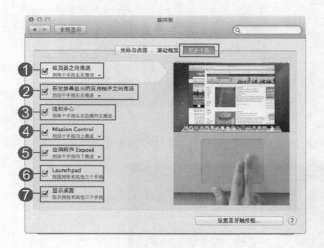

❶在页面之间推送

用两个手指在触控板上向右滑动可回到上一面，向左滑动可翻到下一页。

❷在全屏幕显示的应用程序之间推送

用四个手指在触控板上向左、右滑动，可切换全屏幕窗口的应用程序

❸通知中心

用两个手指从触控板的右边缘向左滑动，可显示通知中心.

❹Mission Control

用四个手指在触控板上向上滑动，可打开 Mission Control，以便于查看已打开的窗口，而向下滑动则可关闭 Mission Control。

⑤应用程序 Exposé

当同一个程序打开多个窗口，又急于搜索需要的窗口时，Exposé 则是你搜索窗口的最佳工具。用四个手指向下滑动，则所有的应用程序窗口将会自动整齐的排列在桌面中。

⑥Launchpad

如果用户需要的应用程序没有显示在 Dock 工具栏中时，可在 Launchpad 中快速打开。将拇指与其他三个手指做合拢的动作即可。

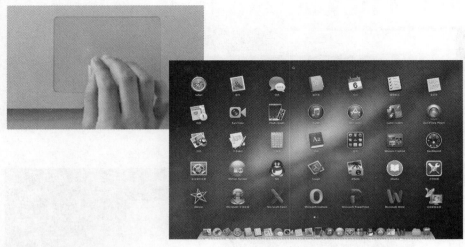

❼显示桌面

在任意应用中，张开拇指和其他三个手指，即可显示桌面。所有应用程序均会自动隐藏到桌面的边缘处。

1.3.3 独特键盘

下图是苹果 iMac 标配的键盘，无需连接线，就可以随处使用无线键盘：放在电脑前或膝上操作都轻而易举。它与 PC 键盘一样提供字母和数字区域。

i iMac 标配的无线蓝牙键盘

该键盘最上面一排是 F1 ～ F12 功能键，可以根据按键上的图标来分辨其功能。了解这些按键的功能及使用方法，能大幅提升苹果电脑的操作速度。

以下是各图标的功能对照表。

图标	功能
☼	降低屏幕亮度
☼	调高屏幕亮度
▦	快速切换至 Mission Control 管理窗口
◔	快速切换至 Dashboard 管理桌面小工具
◂◂	切换到上一首音乐或上一张幻灯片
▸‖	暂停/播放音乐或幻灯片
▸▸	切换到下一首音乐或下一张幻灯片
◂	关闭喇叭
◂›	将喇叭音量调小
◂››	将喇叭音量调高

1. F1 ～ F12 标准功能键

在 OS X 环境下，默认 F1 ～ F12 为特殊功能键，若要使用 F1 ～ F12 的标准功能，则按住 fn 的同时，再按下相对应的功能键。

● fn + F9：快速切换至 Mission Control 界面，以方便用户选取窗口。

切换至 Mission Control 界面

- [fn] + [F11]：隐藏打开的所有应用程序，以显示桌面。

显示桌面

- [fn] + [F12]：快速切换至 Dashboard 界面，以方便用户查看其他小工具。

切换至 Dashboard 界面

2. Mac 命令键

return 键又称为"确定键"或"回车键"。它有两个作用：第一，当对话框中有"好"或"取消"按钮的选择时，按下该键表示选择"好"按钮的意思；第二，在编辑文本时，按下该按钮，即可产生段落标识并换行。

esc 键又称为"退出键"。在程序菜单中通常标识为 ↺ 符号。它有两个作用：第一，任何时候想要退出全屏幕的窗口，则按下此键即可；第二，在对话框中，相对于 return 代表选择"好"按钮，则 esc 刚好相反，它代表选择"取消"按钮。

delete 键又称为"删除键"。在程序菜单中通常标识为 ⌫ 符号。在编辑文本时，单独按此键可删除光标之前（左侧）的一个字符。此外，同时按 ⌘ 键和该键，即可将所选取的文件移到废纸篓中。

tab 键，主要用于跳转当前的字段。如在输入基本数据时，第一项是"序号"，第二项是"姓名"，当输入完"序号"后，按下 tab 键，光标将自动跳转到"姓名"字段。此外，在编辑文本时，按下该键，则会产生缩排效果。

caps lock 键，用来切换键盘字母的大小写。当 caps lock 键上的指示灯亮着时，键盘输入的字母为大写，如"ABC"；当指示灯熄灭时，键盘输入的字母为小写，如"abc"。

shift 键，主要用于输入键盘按键上的第二个字符。计算机键盘上的大部分按键，通常都可以输入两个不同的字符符号，shift 键的功能就是用来键入键盘按键上第二个字符的快捷键。以键盘上的数字 2 按键为例，如果按下 shift + 2，则输入的字符就会变成该按键上方的 @；此外，编辑文本时，如果按 shift +键盘中的字母键，则会输入大写的英文字母，如按 shift + A，则显示的字符为"A"。

fn 键，该键必须与其他按键一起使用。如在编辑文本时，按下 fn + delete 快捷键可删除光标之后（右侧）的一个字符。此外，该键与键盘最上面一排的功能键一起使用时，可以切换 F1 ～ F12 标准功能键与特殊功能键。

▲、▼、◀、▶ 方向键，键盘右下角是 4 个方向键，分别代表上、下、左、右 4 个方向，利用方向键可以控制光标的移动方向。

3. Mac 的专属按键

⌘ 键又称为"command 键"或"苹果键"，是 Mac 上特有的键盘按键。该键最主要的功能就是与其他按键一起组成快捷键来使用，如 ⌘ + M 是最小化窗口、⌘ + W 是关闭窗口等。在标准苹果键盘中，该键在 空格键 的左、右两侧各有一个，所以无论你是习惯使用左手还是右手来操控，都能很方便地使用拇指按住它。

option 键又称为"alt 键"，在程序菜单中通常标识为 ⌥ 符号。该键的第一层意思为"选项"，如在 iTunes 或 iPhoto 等应用程序窗口下使用时，某些功能按键就会变成额外的功能选项。该键的第二层意思为"全部"，如 ⌘ + W 是关闭窗口，如果要想一次关闭打开的所有窗口，则快捷键为 ⌘ + option + W。

control 键又称为"控制键"，在程序菜单中通常被标识为 ⌃ 符号。在 PC 中主要用来与其他按键一起组成快捷键，但在 Mac 中则主要是与触控板或鼠标左键搭配，从而变为鼠标右键，如 control + 鼠标键 就变为了"鼠标右键"功能。

4. 设置键盘

OS X 系统中的各项设置一般都符合大部分人的操作习惯，对键盘的设置也不例外。但如果想更进一步调整键盘来配合我们的操作习惯，则可打开"系统偏好设置"窗口，然后再轻点"键盘"图标。

在打开的"键盘"偏好设置窗口中，可以看到有两个标签，分别是"键盘"和"键盘快捷键"。

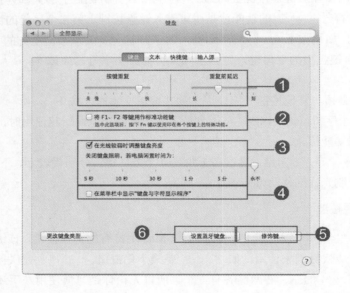

"键盘"标签中的各项设置如下图所示。

❶按键重复/重复前延迟：设置按住按键时重复输入这个按键的速度，以及开始重复输入之前的暂停时间。

❷将 F1、F2 等键用作标准功能键：选中该选项后，按下 fn 键以使用印在各个按键上的特殊功能。如选中该项后，按 fn + ◀ 快捷键，则执行关闭喇叭操作。

❸将键盘亮度调整为弱光：可以将键盘的亮度调整为弱光。拖动该选项下方的滑块，可以设置电脑闲置多久的时间，则系统自动关闭键盘的照明灯。

❹在菜单栏中显示"键盘与字符显示程序"：如果 OS X 中只启用了一种输入法，选择该选项后，菜单栏上会出现键盘的辅助选项。通常情况，大家都会打开中文和英文两种输入法，而此时该选项不会有作用，所以可以省略。切换到"输入源"标签，然后就可直接设置输入法了。

❺修饰键：轻点该按钮可以改变键盘按键对应的功能。

❻设置蓝牙键盘：如果 Mac 接上一组蓝牙无线键盘，轻点该按钮就可以按照指示一步一步地设置键盘。

切换到"快捷键"标签，可以重新设置系统默认的快捷键，把我们常用的操作改成更顺手的快捷键组合。

1.4　配置账户

OS X 提供了丰富的自定义账户设置功能，对于自己用的电脑可以启用免登录设置以更快进入桌面环境。而如果有多人使用同一台电脑时，管理员也可以方便地为其他用户配置独立账户，以保护个人的隐私并且让未成年人健康地使用电脑。

1.4.1　家长控制

为了保障未成年人健康的使用电脑，可以为之创建一个普通用户账户，并且对这个账户启用家长控制功能，以限制该账户可用的应用程序、可访问的网站以及使用电脑的时间。

打开"系统偏好设置"|"用户与群组"偏好设置窗口，然后选择要启用家长控制的用户账户，接着勾选【启用家长控制】复选项，再单击【打开家长控制】按钮，以设置要控制的选项，包括应用程序、网站、联系人、时间限制和其他共 5 个选项。

1.4.2 删除账户

对于不再需要使用的用户账户，我们可以将它删除，一方面可以提高电脑的安全性，另一方面也可以节约部分空间。

打开"系统偏好设置"|"用户与群组"偏好设置窗口，先选择要删除的账户，再单击窗口左下方的 − 按钮，然后在弹出的对话框中选择要对此账户的个人文件夹执行的操作，再单击"删除用户"按钮即可。

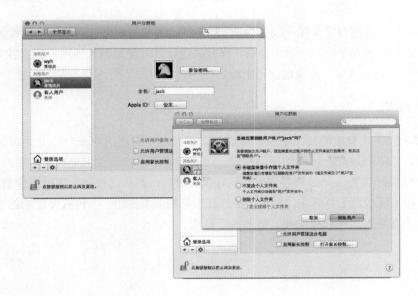

1.4.3 创建用户账户

用户与账户是两个完全不同的概念。用户指的是人，而账户指的是用户的系统身份，即 Mac ID。一个用户要想登录系统，则首先必须要拥有一个账户。

1. "用户与群组" 偏好设置

打开"用户与群组"偏好设置的方法有以下几种：

- 单击 Dock 上的"系统偏好设置"图标，打开"系统偏好设置"窗口，接着在该窗口单击"用户与群组"图标即可。

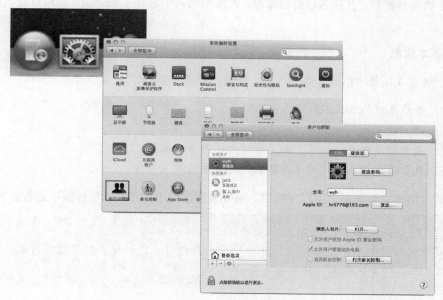

- 在 Dock 工具栏中右键单击"系统偏好设置"图标，在弹出的快捷菜单中选择"用户与群组"选项即可。

- 单击系统菜单中的"快速用户切换"，在弹出的菜单中选择"用户与群组偏好设置"选项即可。

"用户与群组"偏好设置窗口分为两部分，左侧是账户列表，右侧则是设置区。账户列表中包含了本机中的所有账户，且按名称进行排序。在账户列表中选择了账户后，就可以对该账户进行设置。

2. 账户基本信息

一个账户包含 4 项基本信息：账户名称、图片、类型和状态。

- 名称：登录系统的 Mac ID。
- 图片：用户设置的头像图片。
- 类型：表示的是账户的权限，如是管理员还是普通成员。
- 状态：表示当前用户是可用还是禁用，是登录还是未登录。

账户的基本信息主要是在"用户与群组"偏好设置窗口中的"密码"标签中进行管理设置的。

秘技一点通 06

管理员可以对任何账户进行设置，但普通成员只能对自己的账户信息进行修改，而无权对自身权限和其他用户的信息进行修改设置。

3. 更改账户图片

在创建账户时，系统会随机为用户分配一张图片作为其的账户图片，其目的是为了便于识别用户，当然也可以设置不同的用户账户图片。

单击 Dock 工具栏中的"系统偏好设置"图标，打开"系统偏好设置"窗口，然后再单击"用户与群组"图标。

在打开的"用户与群组"偏好设置窗口中，默认用户与群组面板处于锁定状态，所以需要先解除锁定才能设置。单击窗口左下角的🔒按钮，然后在弹出的对话框中输入管理员密码并单击"解锁"按钮。

 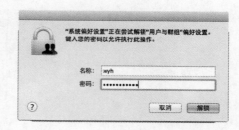

解锁后，在"密码"标签中单击用户账号图片，在展开的图片缩略图列表中选择一个喜欢的图片，然后再单击"完成"按钮即可。

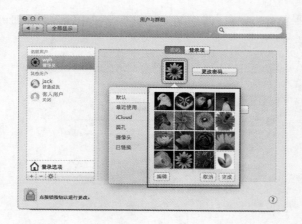

完成上述操作后，即可看到，我们所选择的图片已经替换掉系统默认的账户图片了。而这个账户图片在系统的登录界面中也会看到。

4. 更改账户密码

打开"用户与群组"偏好设置窗口后，在"密码"标签中单击"更改密码"按钮，即可在弹出的对话框中更改当前用户的账户密码，再单击"更改密码"按钮即可完成操作。

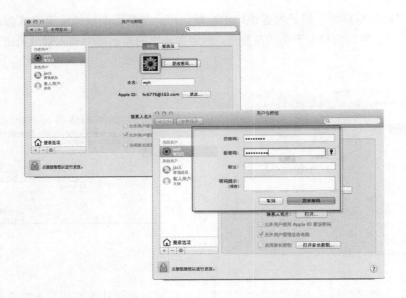

5. 更改账户全名

打开"用户与群组"偏好设置窗口后，在"全名"字段中输入名称即可更改该账户的全名。

秘技一点通 07

全名可以随意输入，如中文、英文，甚至是特殊字符等。

6. 账户的"高级选项"

打开"用户与群组"偏好设置窗口后，先选择一个账户，再右键单击该账户，在弹出的快捷菜单中选择"高级选项"选项，即可看到该账户的"高级选项"信息。

❶用户：此处显示的名称为全名而不是账户名称

❷用户 ID：即 UID（User ID）是 Mac 内部唯一标识账户的一个数字 ID。UID 其实才是用户真正的身份，这也就是不管如何修改全名或账户名称，都不会互相影响。

❸群组：是对账户进行分类管理。系统默认的级别包括 admin、staff、_guest、wheel 等。

❹账户名：即用户登录系统的短名称，一般情况下与用户主目录的名称保持一致。

❺个人目录：即用户主目录。在创建用户时，Mac 都会为每个用户创建一个独一无二的主目录。

❻UUID：全称为 Universally UniqueIdentifier，全局唯一标识符，是指在一台机器上生成的数字，它保证对在同一时空中的所有机器都是唯一。也就是说 UID 用于在 Mac 内部标识一个用户，而 UUID 用于在网络范围内标识一个用户。

7. 添加用户

打开"用户与群组"偏好设置窗口后，单击 + 按钮，在弹出的对话框中根据字段名输入相应的内容，然后再单击"创建用户"按钮，即可添加一个新账户。

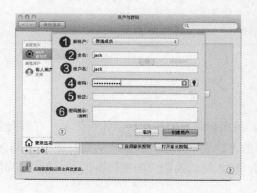

❶新账户：在此可以选择将新创建的用户设置为管理员、普通成员等

❷全名：输入自己的名字，这个字段没有特别的限制，可以自由发挥。假如在这里输入汉字，"短名称"会自动列出该名称的拼音，如果不满意，则可以再重新命名。

❸账户名：这个名称会成为存放个人数据的文件夹名称，因此，建议采用简短的英文字符串，中间不能有空格，而且大小写也有区别。

❹密码：输入该账户的密码。需要注意的是，该账户同时也会是系统管理员，也就是说，日后安装软件或者进行软件升级等操作时，系统都会要求我们输入管理员的账户和密码。为了系统与数据的安全，最好还是设置为一组密码。

❺验证：再次输入密码，以确定该密码没有输错。

❻密码提示：在该字段中输入一个只有自己知道的，用来提示密码的描述，日后如果忘记了密码，输入 3 次错误的密码后，该提示就会出现。

添加用户时，系统会随机为该用户选择一个用户图片，如果不喜欢系统为我们选择的图片可单击该图片进行更改。

8. 更改账户类型

在 OS X 中可以将普通用户升级为管理员，也可以将管理员降级为普通用户。打开"用户与群组"偏好设置窗口后，选择任一账户，然后再选中"允许用户管理这台电脑"复选框，即可将普通用户升级为管理员。反之，没有选中"允许用户管理这台电脑"该复选框的账户，就是普通用户。

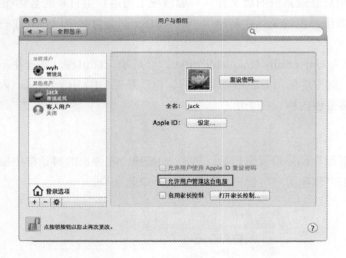

9. 切换用户与注销

OS X 支持多用户登录。各用户账户间的切换操作很简单：在具有多用户的系统中，单击屏幕右上角的账户名称，从弹出的下拉菜单中选择待切换的账户即可。OS X 自动将目前使用的账户转置后台，并旋转至登录画面，输入待切换账户的密码再按 return 键，即可切换至该账户。

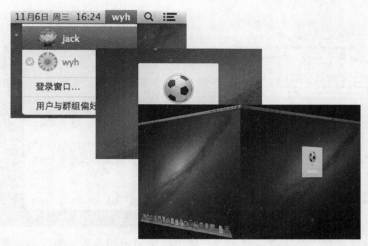

介绍了多用户切换后，下面来介绍用户的注销。那么什么是注销呢？所谓注销就是，退出当前用户运行的所有程序，并返回登录画面。如果未注销就直接切换用户，那么当前使用的程序会自动转置后台运行，并占用一定的系统空间，这样有可能会使系统运行速度变慢，从而影响其他用户工作。

注销用户的操作是：单击屏幕左上角的"苹果菜单"图标，从弹出的菜单中选择"注销 xxx"命令即可。

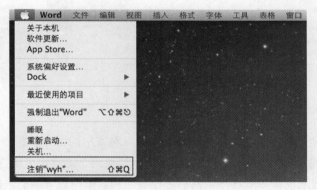

1.4.4 钥匙串访问锁定屏幕

单击 Dock 工具栏中的 Finder 图标，在弹出的窗口中单击左侧边栏中的"应用程序"，在右侧窗口中打开"实用工具"之后双击"活动监视器"图标，将其打开。

选择菜单栏中的"钥匙串访问"｜"偏好设置"命令。

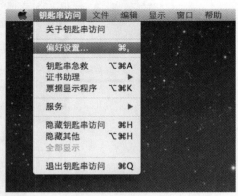

在弹出的"偏好设置"面板中，勾选"在菜单栏中显示钥匙串状态"复选框，此时菜单栏中将出现一个钥匙串访问图标，单击此图标在弹出的下拉菜单中选择"锁定屏幕"命令即可。

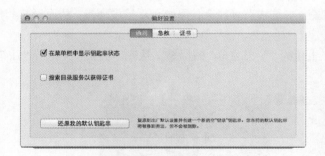

1.4.5　自定义快捷键

为了提高电脑的使用效率，可以根据自己的喜好，对常用的命令重新指定快捷键。

打开"系统偏好设置"|"键盘"偏好设置窗口，切换到"键盘快捷键"标签中，在左侧列表框中选择快捷键所要对应的命令或程序，然后再在右侧列表框中设置新的快捷键。

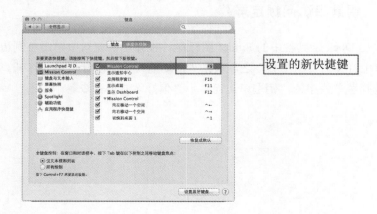

设置的新快捷键

1.5　登录、睡眠、重启及关机

本节将讲解什么是 Mac 关机、睡眠与重新启动，并还会告诉你在不同的使用时机将 Mac 置于不同的状态。

1.5.1　登录

OS X 是一个非常注重安全的操作系统，当它完成系统载入后，将显示用户登录界面，用户必须选择自己的账号及输入正确的密码，才能完成登录操作。

具体的登录操作方法是：首先选择自己的账号，并输入正确的密码，然后再按 return 键，即可进入系统。

1. 更改用户登录界面的背景和图标

用户登录界面中的背景、Apple Logo 以及关机、睡眠、重启图标都是图片，用户可以用自己喜欢的图片来替换它们。需要注意的是，更换图片或图标时，必须使用同名、同型的图片，否则将无法替换。同时，最好使用同尺寸的图片，否则达不到预期的效果。

2. 用户登录页面管理

在"系统偏好设置"|"用户与群组"偏好设置窗口中，单击窗口左下角的🔒按钮，然后再输入管理员的密码解锁即可对用户登录窗口进行设置。

秘技一点通 08

在"用户与群组"偏好设置窗口中，只有管理员才有权限对其进行修改与设置。

3. 在登录界面中添加提示信息

用户还可以在登录窗口中设置提示信息。在"系统偏好设置"|"安全性与隐私"偏好设置窗

口中，切换到"通用"标签，单击窗口左下角的🔒按钮，然后再输入管理员的密码解锁。先选中"在屏幕锁定时显示信息"选项，再单击"设定锁定信息"按钮，接着在弹出的对话框中输入想要显示的信息内容，再单击"好"按钮，即可在登录界面中显示用户所加入的信息。

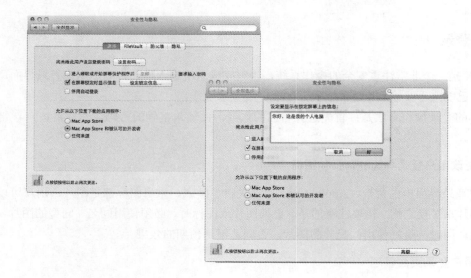

1.5.2 自动登录

如果用户想用某个账户来自动登录，则在"系统偏好设置"|"用户与群组"偏好设置窗口中，单击"登录选项"选项，接着在窗口右侧的设置区域中，单击"自动登录"下拉列表，在弹出的列表中选择用来自动登录的账户即可。

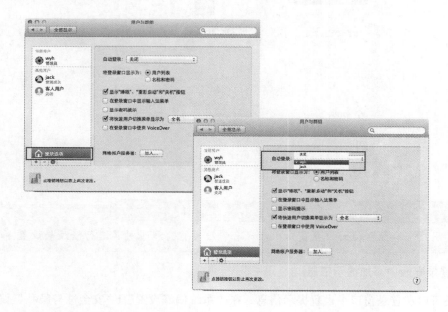

1.5.3　睡眠

电脑和人一样，也需要睡眠。如果暂时不使用电脑，则可以让电脑进入"睡眠"状态。启用"睡眠"状态时，OS X 会自动将当前打开的文件、应用程序等存储到内存中，然后停止运行并关闭屏幕及硬盘。因其整个操作流程的快速，所以，也可以称该操作为快速开/关机。

单击屏幕左上角的"苹果菜单" 按钮，在弹出的苹果菜单中选择"睡眠"选项，即可启用"睡眠"状态。

要唤醒电脑时，只须按键盘上的任意键，就可以快速让电脑还原"睡眠"前的状态。

秘技一点通 09

如果用户使用的是 MacBook，则合上 MacBook 的顶盖，即可快速让电脑进入"睡眠"状态。而打开顶盖，即可快速唤醒 MacBook。

1.5.4　重新启动

在移除应用程序或完成更新后，需要重新启动电脑时，可单击屏幕左上角的"苹果菜单"图标 ，在弹出的苹果菜单中选择"重新启动"命令，将弹出提示对话框，然后再单击"重新启动"按钮即可。

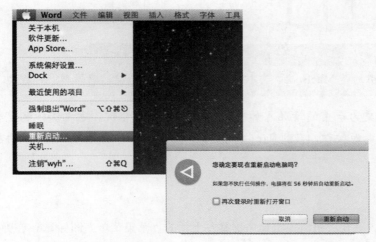

1.5.5 强制重启

只要是电脑，都会有死机的可能。一旦死机，可以用以下几种方法来解决。

● 当应用程序没有响应时，可单击屏幕左上角的"苹果菜单"图标，在弹出的苹果菜单中选择"强制退出"命令，将弹出"强制退出应用程序"对话框，在该对话框中选择要退出的应用程序，然后再单击"强制退出"按钮即可。

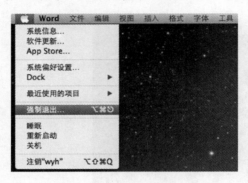 

● 如果光标一直处于转动着的七彩圆圈（等待）状态，可按 control + ⌘ + ⏏ 组合键，以强制重新启动。

秘技一点通10

如果用户使用的是 MacBook，可按 control + ⌘ + ⏻ 组合键，以强制重新启动。

● 如果遇到更为严重的情况，如按 control + ⌘ + ⏏ 组合键，也无法强制重新启动时，就只能长按电源按钮，直到 Mac 关闭电源。然后稍等一会（约 30 秒），再按电源按钮重新开机。

1.5.6 关机

使用完电脑后，要想关机时，可单击屏幕左上角的"苹果菜单"图标，在弹出的苹果菜单中选择"关机"命令，将打开提示对话框，然后再单击"关机"按钮即可。

秘技一点通 11——快速关机

按住 option 键的同时单击"关机"命令，可以直接关闭计算机而不会弹出询问对话框。

秘技一点通 12

Mac 中的开/关机实用快捷键

1. 在开机过程中按住 option 键可以重建桌面。

2. 在开机过程中按住 shift 键可以关闭所有系统的功能扩展。

3. 在开机过程中按住鼠标可以推出软盘以避免将其用作启动磁盘。

4. 在开机过程中同时按住 shift + option + delete 键可以屏蔽当前启动所用的磁盘，并自动寻找另一个磁盘当作启动盘。

5. 同时按住 shift + option + ▲ 可以重新启动或关闭电脑。

6. 在电脑死机时，同时按住 control + ▲ 可以强行启动电脑。

第 2 章　学会使用 Mavericks

在全新的 Mavericks 操作系统中苹果公司为其添加了诸多创新，当然保留了包括以往其他版本系统中的经典功能，通过本章的学习可以熟练地使用最新的 Mac 操作系统。

2.1　窗口管理

多窗口、多任务，已经是现在人们使用电脑办公的习惯。那么要如何在众多窗口之间来回切换，以提高工作效率呢？下面我们就来看看 Mac 是如何管理窗口的。

2.1.1　认识窗口

窗口是桌面最为常见的物件之一，它是操作系统与用户交互的重要桥梁。虽然不同程序的窗口其内容千差万别，但都拥有近似的布局结构。掌握这些结构及其提供的功能，即能在日后布置出自己满意的工作环境。

在 OS X 中执行应用程序时，都会打开专属的窗口，下面是 Safari 窗口。

Safari 窗口

❶红绿灯按钮：其功能分别为关闭窗口、最小化窗口及自动调整窗口。

❷窗口标题：用于显示窗口的名称，方便用户识别不同的窗口。

❸功能按钮：用于提供应用程序最常使用的部分功能。如上、下翻页功能按钮，以方便用户在查看文件时返回之前访问的位置。

❹搜索栏：提供窗口内容搜索功能。在搜索栏中输入关键字，就能筛选出与关键字相关的内容。

❺内容区域：用于呈现内容信息。如 Finder 文件管理窗口的内容区域将显示各种文件以供用户查看。

2.1.2　基本操作

当我们打开多个应用程序时，窗口难免会重叠到一起，这时就需要我们移动或缩放窗口，才能完成后续的操作。

1. 最小化窗口与还原窗口

将鼠标光标移至窗口左上角的红绿灯按钮区域，单击中间的黄色按钮 ⊖，即可将当前窗口最小化至 Dock 工具栏上。其中应用程序窗口最小化后，会隐藏于对应的应用程序图标下，非应用程序打开的窗口最小化后，则会隐藏于 Dock 工具栏分隔线右侧的快速访问区域。

如果要还原最小化后的程序窗口，则只须单击对应的应用程序图标即可。

2. 调整窗口的大小

每个窗口的大小可以按照需要进行调整，可通过窗口左上角的红绿灯按钮 ⊗ ⊖ ⊕ 来调整，也可以通过手动将窗口调整为需要的大小。

3. 自动调整到最适合大小

将鼠标光标移至窗口左上角的红绿灯按钮区域，再单击绿色按钮 ⊕，即可将窗口调整为最适合大小。

4. 手动调整窗口大小

将鼠标光标移至窗口边框处，当其变为双向箭头形状时，通过拖动操作即可随意放大或缩小窗口。

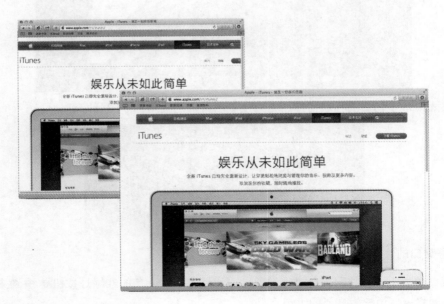

5. 窗口的全屏幕

在工作中，如果不想受到其他桌面或窗口的干扰，则可以将当前使用的窗口放大到全屏幕。单击窗口右上角的 ![icon] 图标，即可将该窗口放大到全屏幕。

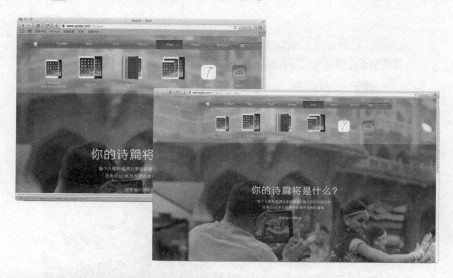

秘技一点通 13

在 OS X 中不是所有窗口的右上角都有 ![icon] 图标。如 Safari 窗口右上角有该图标，但 Finder 窗口的右上角就没有。

将窗口全屏幕时，菜单栏也将自动隐藏，以为窗口的全屏幕腾出空间。那么，怎样才能让菜单栏重新显示呢？很简单，只须将鼠标光标移至屏幕的上边缘，菜单栏就会自动重新显示出来。

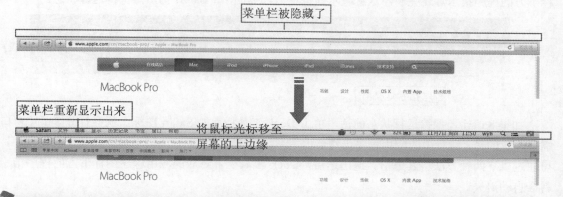

秘技一点通 14——如何在程序全屏状态下调出 Dock 工具栏

在程序全屏状态时，将鼠标指针移至 Dock 工具栏所在的位置，等待一秒后就可调出 Dock 工具栏。

6. 移动窗口的位置

如果对窗口所在的位置不满意，或想为其他窗口腾出位置，则将鼠标光标移至窗口标题栏上，按住鼠标拖动即可移动窗口。

将鼠标光标移至窗口标题栏上，按住鼠标拖动即可移动窗口

7. 关闭窗口

在 OS X 中有时会出现"没有窗口的应用程序"。即单击每个 Safari 窗口左上角的红色按钮，将所有的 Safari 窗口都关闭，此时桌面上所有 Safari 窗口都不见了，但是 Dock 工具栏上 Safari 图标下方的程序指示灯还亮着，这就表示即使窗口都关闭了，Safari 仍然是保持运行状态。

程序指示灯亮着

如果 Safari 还保持运行状态的话，单击 Dock 工具栏上的 Safari 图标，就会打开 Safari 窗口。需要注意的是，运行中的应用程序仍然会占用系统的内存，因此，如果不再需要某个应用程序，则可通过以下两种方法将其退出。退出之后，Dock 工具栏上对应的应用程序图标下方的程序指示灯就会自动消失。

- 方法 1：首先单击 Safari 窗口，再打开 Safari 应用程序菜单，接着选择"退出 Safari"命令，即可退出 Safari 应用程序。

- 方法 2：直接在 Dock 工具栏的应用图标上打开右键快捷菜单（两个手指轻点触控板），再选择"强制退出"命令即可。

程序指示灯消失了

秘技一点通 15

　　OS X 中的 Finder 应用程序永远都无法退出，所以在 Dock 工具栏中的 Finder 图标下方的程序指示灯会一直亮着。

8. 快速切换正在执行的应用程序

　　当打开多个应用程序窗口时，还可以运用 OS X 具备的另一个应用程序的管理方式来快速切换正在执行的应用程序，即按住 ⌘ 键的同时，再按下 tab 键，就会弹出一组浮动窗口，而当前执行中的所有应用程序都会显示在该浮动窗口里面。如果要切换到特定的应用程序，可继续按住 ⌘ 键，同时重复按 tab 键或者直接用鼠标光标选择应用程序。也可以在该方法中，配合退出应用程序的快捷键 ⌘ + Q ，来关掉正在执行中的应用程序。

秘技一点通 16——关于抓图的偏好设置

单击 Finder 图标，在弹出的窗口中单击左侧边栏的"应用程序"，在右侧窗口中打开"实用工具"｜"抓图"，当启动抓图程序以后，它将自动转入后台运行，而本身是没有任何界面或窗口的，此时选择菜单栏中的"抓图"｜"偏好设置"命令，将打开"抓图"的"偏好设置"面板，在面板中可以看到"指针类型"下方的按钮。默认情况下，选中的是不包括光标的选项，单击不同的按钮即可选择不同的光标样式，同时所选中的光标样式将出现在所抓取的图片上，勾选"发出声音"复选框，可以在抓图成功后发出一种类似相机快门的"咔嚓"声。

秘技一点通 17——隐藏桌面所有窗口

无论当前桌面中有多少个窗口只需按 ⌘ + H 组合键即可将窗口隐藏（每按一次组合键只可隐藏一个窗口）。

2.1.3 更改排序方式

在 OS X Mavericks 中的排序相比以前的版本有了很大的改进，比如根据系统语言/区域来显示文件顺序的方案，在中文环境下，默认是按拼音进行排序，英文和其他则相对会排到后面去。此设定对系统内所有程序都起作用。

比如在 iTunes 中,如果用拼音排序表演者名为"a(啊)"开头的就会排到前面来,英文则排到所有中文后面去。

假如不想让系统按照拼音排序的方法进行排序,可以单击 Dock 工具栏中的"系统偏好设置"图标,在弹出的面板中单击"语言和地区"图标。

在弹出的"语言和地区"设置面板中的右侧单击"列表排列顺序"后方的下拉列表,选择"通用"即可恢复原来的排序方式。

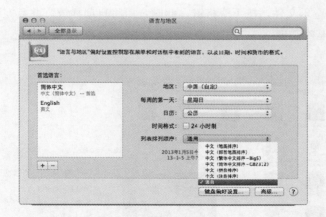

2.2 文件管理

2.2.1 快速查看

OS X 为用户提供了一个快速预览的功能,快速预览比打开文件本身的速度更快,可以对文档、图片、音乐等文件进行实时预览。

单击 Dock 工具栏中的图标 ，在弹出的窗口中选择一个图片文件，按下空格键可快速预览所选中的文件。

同样，选择一个音乐文件，按下空格键，此时音乐将自动播放，并且在预览的界面中可以实现暂停、音量调节等基本功能。

在预览窗口中单击右上角的 使用"iTunes"打开 按钮可以在 iTunes 播放音乐文件，单击 按钮，可分享当前音乐文件。在 OS X 中，在所有打开的窗口中如果带有 按钮，都可以将当前文件进行快速分享。

与音乐、图片文件一样，文件夹和其他文本类文档都可以被快速预览，当预览文件夹的时候，在预览窗口中可以显示当前文件夹的大小及项目数，并且包含了上次修改时间等信息及分享按钮。

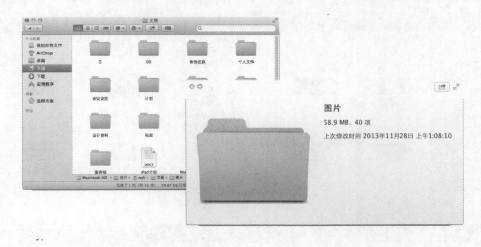

在预览文本类文件时，可以直接看到所有的文本内容，并且同样具有分享功能。

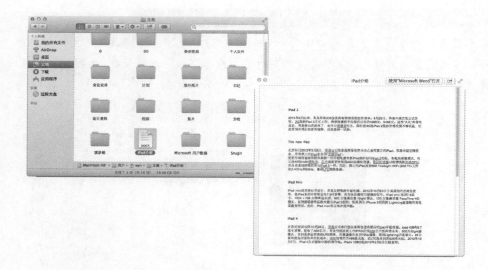

2.2.2 重命名

在 OS X 系统中重命名的快捷键是 return 键，选中需要重命名的文件，按 return 键进入重命名状态，此时光标将闪动，删除原来的名字之后添加新的名字即可。

秘技一点通 19

OS X 和 Windows 对于文件重命名的方式完全不同，在 Windows 中对文件的重命名是按 F2 键或者右击鼠标，从弹出的快捷菜单中选择重命名命令对文件执行重命名操作。

秘技一点通 20

在 Windows 系统中不允许在文件打开的状态下进行重命名，而 OS X 系统中则无此限制，用户可以一边查看文档，一边修改文档名，当重命名完成之后，打开的文件的文件名称会立即更新为新的文件名。

2.2.3   制作替身

OS X 系统中的制作替身命令类似于 Windows 系统中的创建快捷方式，但是相比快捷方式其在功能上更为先进。为一个文件或者文件夹制作替身，可以通过所制作的替身来访问原文件或者原文件夹，并且替身占据极少的存储空间。

例如，给"图片"文件夹制作替身，首先选中文件夹，在其文件夹上右击鼠标，从弹出的快捷菜单中选择"制作替身"命令，此时将生成一个新的"图片 替身"文件夹。

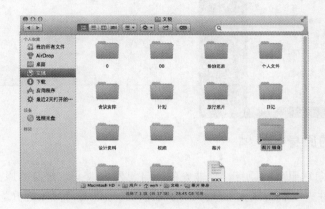

双击"图片 替身"文件夹图标就可以进入"图片"文件夹，无论将该替身文件夹移至何处，甚至将其重命名，都可以通过它来找到原来的文件夹。

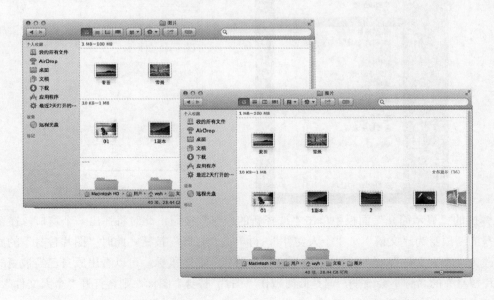

当找不到所需要的文件夹时，可以在其替身文件夹上右击鼠标，从弹出的快捷菜单中选择"显示原身"命令，这样系统会找到原来的文件夹并且以高亮显示。

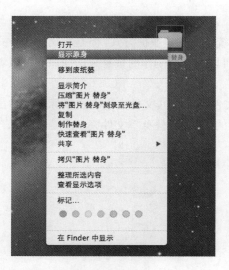

2.2.4　更改替身的原身

　　替身总是永远指向它原来的原身，除非它的原身已发生改变，替身的原身是可以设置和更改的。例如，在替身文件夹上右击鼠标，从弹出的快捷菜单中选择"显示简介"命令。

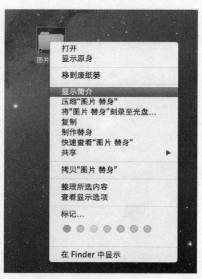

　　在弹出的"显示简介"面板中单击"选择新的原身"按钮，此时将弹出一个窗口，在窗口中选择替身的新原身为"文稿"｜"个人文件"，再单击"打开"按钮，此时"图片替身"的原身已经被更改为"个人文件"，在"图片替身"文件夹图标上右击鼠标，可以看出原身已经被更改，虽然"图片替身"的名称不会改变，但是此时双击"图片 替身"图标，则会打开"个人文件"，而不会再打开"图片"文件夹。

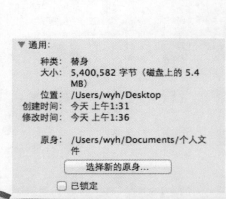

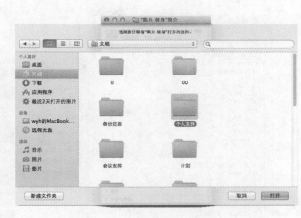

秘技一点通 21

所有的替身文件或者文件夹的左下角都会有一个黑色的小箭头,通过此箭头可以快速区分出是原文件还是替身文件。

2.2.5 设置光盘、硬盘符号的显示位置

光盘、U 盘和移动硬盘图标可以显示在桌面或 Finder 窗口的边栏中,如果没有显示可以在 Finder 的偏好设置中更改。

单击 Dock 工具栏中的 图标,启动 Finder,选择菜单栏中的"Finder"│"偏好设置"命令。

在弹出的面板中,选择"通用"标签,确认勾选"硬盘"、"外置磁盘"和"CD、DVD 和 iPod"前面的复选框。

切换至"边栏"标签,在设备中确认已勾选了"硬盘"、"外置磁盘"和"CD、DVD 和 iPod"前面的复选框,此时在 Finder 窗口左侧的边栏中可以看到显示的相应的图标。

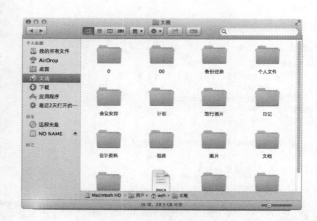

2.2.6　推出 U 盘、硬盘

经过前面的设置，系统中的各类盘符会显示在相应的位置，用户可以使用访问本地文件的方法对其中的文件进行访问。

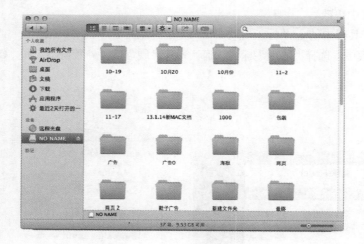

在移除 U 盘、硬盘之前，必须先在 OS X 中将其推出，在桌面中选中相应的图标，在其图标上右击鼠标，从弹出的快捷菜单中选择"推出 xxx"命令，即可将当前 U 盘移除，还可以选中图标将其拖至右下角的"废纸篓"中。

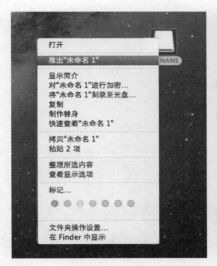

在 Finder 窗口中，在左侧的边栏中单击其盘符后面的 ⏏ 按钮，同样可以将其推出。

秘技一点通 22

部分 U 盘、移动硬盘的文件系统为 NTFS，而在 OS X 中，这些移动硬盘都是只读的，即只能读取，不可写入，需要将其格式转换为 FAT32 后才可正常读写。

2.2.7　锁定文档

在 OS X 中的某些程序中允许将当前程序锁定，比如"文本编辑"，在编辑窗口顶部名称时，将弹出一个面板，在面板中可以更改"名称"、添加"标记"、甚至还可以更改存储位置，将文档直接保存至"iCould"，勾选右下角"已锁定"复选框可以将当前文档锁定以防止别人在未授权的情况下修改。

秘技一点通 23

默认情况下，某个文档超过两周的时间都没有对其进行过编辑，它将被自动锁定。

2.2.8 为文件设定默认应用程序

无论是在 OS X 还是在 Windows 系统中，选中一个文档，在其图标上右击鼠标在弹出的快捷菜单中都会有一个"打开方式"命令，此命令可以让用户指定一个默认程序来打开选中的文件，而此时按下 option 键可以发现此命令将变成"总是以此方式打开"，此时再选择用来打开文件的应用程序，这样以后每次打开这个文件都将以所选定的应用程序打开。

例如，选中一个图片文件，在其图标上右击鼠标，从弹出的快捷菜单中将光标移至"打开方式"命令上按下，再 option 键，此时选择"Adobe Photoshop CC"命令，之后每次打开这个图片都将是通过"Adobe Photoshop CC"来执行。

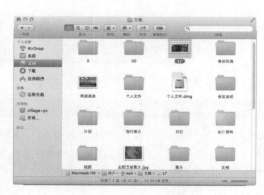

2.2.9 批量查看文件简介

选中单个图片或者文件，在其图标上右击，从弹出的快捷菜单中选择"显示简介"命令，即可查看当前文件的简介。使用过 Windows 的用户都知道在 Windows 中可以批量查看文件属性的，其实在 OS X 中同样也可以。

选择多个图片后，再选中其中的某一个图片，按住 option 键的同时在其图标上右击鼠标，在弹出的快捷菜单中选择"显示检查器"命令，即可弹出相关文件的简介。

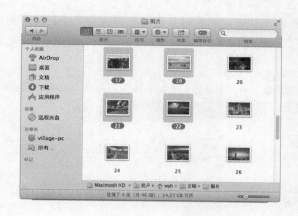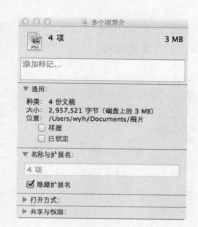

2.3　移动、拷贝、删除文件与文件夹

移动操作是做好文件管理最基本的技巧，要想将文件从原来的位置移到另一个位置，或者将多个文件同时放进一个文件夹等都需要用到移动操作。

2.3.1　移动一个文件或文件夹

在 Finder 窗口中，如果在一个页面中同时看到目标文件夹与源文件夹，则可以利用拖动的方式，将目标文件夹移至源文件夹中。

首先选中目标文件夹（日记），然后将其拖动至源文件夹中（个人），即可完成一次移动一个文件夹的操作。

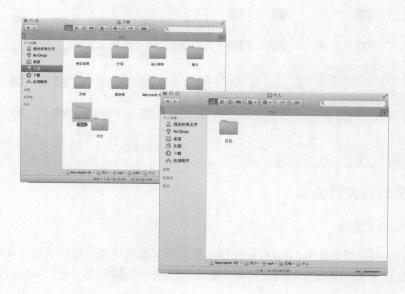

2.3.2　移动多个文件或文件夹

　　首先按住鼠标并拖动以选择多个文件或文件夹，然后将其拖动至源文件夹中，即可完成一次移动多个文件夹的操作。

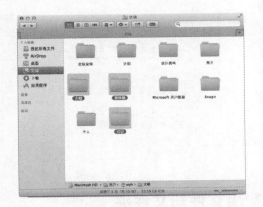

秘技一点通24——快速选中多个对象

　　想快速地同时选中多个对象，音乐或者文件夹除了在窗口中按住鼠标左键拖动选中多个对象外，还可以在选中第一个对象的同时按住 shift 键再单击其他对象可以将其加选；同样按住 ⌘ 键单击其他对象也可以将对象加选。

2.3.3　拷贝文件或文件夹

1. 利用拖动方式拷贝

　　选择要拷贝的文件或文件夹，按住 option 键，然后将其拖动到要存储的文件夹图标上（或者在文件夹内的空白处），此时在此文件或文件夹图标上会出现一个 ⊕ 符号，释放鼠标后即可完成拷贝操作。

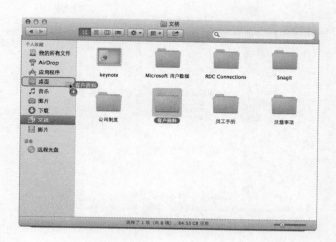

在拖动文件或文件夹的过程中，按下 esc 键可中断拷贝操作。

2. 利用命令拷贝

在要拷贝的文件或文件夹上，单击鼠标右键，即可弹出快捷菜单，再选择"拷贝 xxxx"命令。

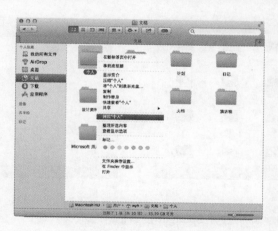

在弹出的快捷菜单中有一个"复制"命令，该命令是在当前位置克隆所选文件或文件夹，产生对应的副本，这与 Windows 中的复制效果完全不同。

然后打开要存放该文件或文件夹的项目，在空白处单击鼠标右键，在弹出的快捷菜单中选择"粘贴项目"命令，即可完成拷贝操作。

2.3.4 剪切文件

使用过 Windows 的用户都知道选中某个文件按 ctrl + x 组合键可以将文件剪切，再打开另外一个文件夹按 ctrl + v 组合键可以刚所剪切的文件进行粘贴。

而如今在 OS X 中也有此功能，首先选中一个文件，按 ⌘ + x 组合键将其剪切，再打开另外一个文件夹按 ⌘ + option + v 组合键即可将剪切的文件粘贴至当前位置。

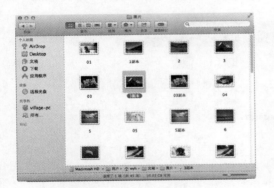 

在桌面中按 control + 空格键 即可打开 Spotlight 搜索框。

在桌面中按 ⌘ + ▲ 键即可返回上层目录，在 Finder 窗口中按 ⌘ + z 组合键可撤消操作，比如删除的文件、移动的文件夹，都可以通过此组合键来撤消。

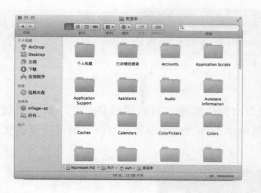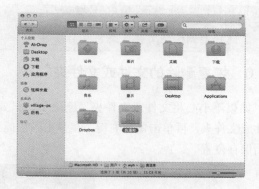

打开 Finder 窗口，选择菜单栏中的"前往"命令，此时按下 option 键可以看到菜单中将出现"资源库"。

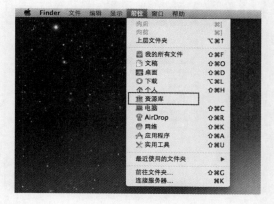

2.3.5　删除文件或文件夹

选择要删除的文件或文件夹，然后单击鼠标右键，在弹出的快捷菜单中选择"移到废纸篓"命令即可。

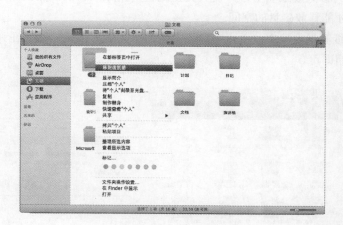

选择要删除的文件或文件夹后，按 ⌘ + delete 组合键也可将其删除。

2.3.6 恢复删除的文件或文件夹

如果不小心将文件或文件夹误删除了，只要在清倒废纸篓之前将废纸篓打开，找到刚删除的文件或文件夹，再单击鼠标右键，在弹出的快捷菜单中选择"放回原处"命令，则可恢复该文件至原始保存位置。

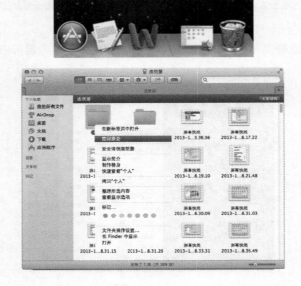

2.3.7 清空废纸篓

将文件或文件夹移到废纸篓中，并没有真正地将其删除，它们依然被保留在电脑中，因此只有彻底地删除它们才能释放磁盘的空间。

在打开的"废纸篓"窗口中，单击窗口右上角的"清倒"按钮，然后在弹出的对话框中单击"清倒废纸篓"按钮即可。

秘技一点通28

　　除此之外，用户还可以在 Dock 工具栏中的图标上，单击鼠标右键，在弹出的快捷菜单中选择"清倒废纸篓"命令，然后在弹出的对话框中单击"清倒废纸篓"按钮确认操作。

秘技一点通29——安全清空废纸篓

　　在 Dock 工具栏中的图标上右击鼠标，在弹出的快捷菜单中按住 ⌘ 键选择"安全清倒废纸篓"命令，此时将弹出一个对话框询问用户是否要永久清除废纸篓中的项目，只有单击"安全清倒废纸篓"按钮，才可以清除废纸篓中的文件，安全清倒废纸篓的功能相当于留给用户彻底清除废纸篓的最后一道防线，这样就可以避免用户在清倒废纸篓的时候误删重要文件。

2.3.8　创建个性文件夹

　　使用过 Windows 的用户都知道其系统左下角的"开始"按钮十分好用，单击此按钮即可显示自己常用的程序。

　　其实在 Dock 工具栏中也可以实现这样的功能，首先新建一个文件夹并为其命名（自己习惯的名字即可），然后将常用的程序及文件添加至新建的文件夹中。

　　将刚才新建的文件夹拖至 Dock 工具栏中"废纸篓"旁边的位置，此时文件夹将变成一个程序图标，在其图标上右击，从弹出的菜单中选择"列表"。再单击此图标就可以从出现的菜单中看到刚才所添加的程序了。

2.4　Launchpad 管理应用程序

　　使用 Launchpad 可以更加快速地打开、移动和删除应用，同时也提供了更好地应用程序分类管理方式。

2.4.1　启动 Launchpad

　　单击 Dock 工具栏中的图标即可启动 Launchpad 模式，此时就可以看到应用程序图标全都整齐地排列在此。

　　OS X 默认的应用程序图标都会放在 Launchpad 的第一页中，若图标很多，超过一页可显示的数量，系统就会自动添加到第二页，用户可通过手指滑动手势来切换屏幕，以此查看第二页的应用程序。

在 Launchpad 模式中如果想执行某个应用程序，则单击该图标即可打开，同时会关闭 Launchpad。另外，单击没有图标的空白处，也可以关 Launchpad。

2.4.2　管理应用程序

Launchpad 模式中布满了密密麻麻的图标，不免让人觉得眼花缭乱，此时我们可以把相同性质的程序放在同一个文件夹中，以便于我们管理应用程序。

打开 Launchpad 模式，移动光标到某一个想要放进文件夹的应用程序图标上（就像拖动文件一样）然后按住程序并拖动到要放在同一文件夹的程序图标上。

这里示范的是把"文本编辑"程序和"iBooks"程序放在一起。当"文本编辑"程序与"iBooks"程序重叠时，文件夹会自动出现。

至于文件夹的名称系统会根据程序的性质自动命名，如果想更改文件夹的名称，则只要将光标移到文件夹的名称上双击，名称就会反白显示，这时就可以键入自己想要的名称。

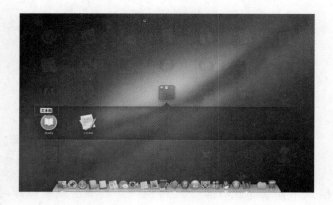

2.4.3 调整位置

Launchpad 模式中的应用程序会自动进行排序，如果我们常用的应用程序被排到了后面，则可按住该应用程序图标，然后再将其拖动到合适的位置，此时原位置的程序图标会自动弹开，以腾出空间来插入图标。

如果要将图标移到 Launchpad 模式的下一页或上一页，则同样使用拖动的方式，将程序图标移动到屏幕的边缘，系统就会自动进入另一个页面。

2.4.4 快速删除应用程序

如果某些应用程序不经常使用，就可以将它们从 Launchpad 中删除，如某个已经不想再玩的游戏程序。

按住任一图标（约 1 秒），则 Launchpad 中的所有图标会开始抖动，然后单击要删除的图标左上角的 ⊗ 按钮，即可删除该应用程序。

2.5 使用 Mission Control

在使用电脑的过程中，经常会同时打开多个应用程序，这就使得我们想要快速找到自己所需要使用的窗口，变成了一件十分困难的事。而 Mission Control 功能的出现就能解决这一难题。

2.5.1 Mission Control 界面

启动 Mission Control，我们先来认识 Mission Control 界面。

❶Dashboard 迷你程序专用桌面：该桌面为 Widget 小工具专用的桌面。

❷用户桌面：用于放置非全屏应用程序窗口的桌面空间。单击对应的桌面图标即可切换至相应的桌面。

❸全屏应用程序：Mission Control 模式下，全屏应用程序跟桌面一样在顶部占有一个桌面图标，单击相应的全屏桌面图标，即可切换至相应的应用程序。

❹添加空白用户桌面：单击该桌面图标即可新增一个空白桌面。Mac OS X 最多能提供 16 个用户桌面，足以满足绝大多数工作应用。

❺按应用程序归类的窗口：Mission Control 中部的位置将显示当前桌面的窗口。在排列方式上，将依程序归类，同一类程序归至一起。用户直接单击应用程序窗口相应的缩略图，即可切换至对应的窗口。

秘技一点通30——快捷使用小工具

假如在工作中需要频繁使用 Dashboard 中的小工具，如使用计算器、查看天气等，来回切换显得十分麻烦。如果想不进入 Dashboard 中，而直接在桌面中就可以使用这些小工具，则可以单击 Dock 工具栏中的 图标，打开系统偏好设置，在弹出的面板中单击 Mission Control 图标，然后取消勾选"将 Dashboard 显示为空间"复选框即可。需要使用小工具的时候，再按 fn + F12 组合键即可打开小工具组，按 esc 即可返回。

2.5.2 启动 Mission Control

启动 Mission Control 的方法有以下几种：

● 单击在 Dock 工具栏中的快捷方式，如下图所示。如果快捷方式已经移除了也不需要烦恼，我们可以从应用程序的文件夹里面把它找回来。

● 使用键盘最上排的快捷键，但是快捷键的位置会依 Mac 计算机的型号不同而有所不同，这部分会在稍后进行介绍。

● 使用触控板的手势来启动。

秘技一点通 31

在 Mac OS X Leopard、Mac OS X Snow Leopard 等版本中，使用 Exposé、Dashboard、Spaces 分别管理窗口、小工具和多桌面。而在新版本的 OS X 中，这三个组件已经被整合为一个组件——Mission Control。只要掌握这个组件的使用方法，即可灵活地调配窗口、迷你程序和多桌面，大幅提升工作效率。

2.5.3　浏览窗口

启动 Mission Control 时，系统会将所有窗口都展示出来，而且还贴心地做好了分类，只要是属于同一个程序的窗口就会被归类在一起，让你一眼就能看到自己所需的窗口。

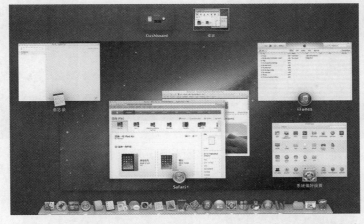

将光标滑过各个窗口，会发现被光标指到的窗口周围都会发出蓝光。先停留在某个看不清楚或被其他窗口挡住的窗口上，接着再按下 空格键 ，就可以看到原本看不清楚的窗口被放大而且显示到最前面，这样就不会错过任何一个躲起来的窗口了。

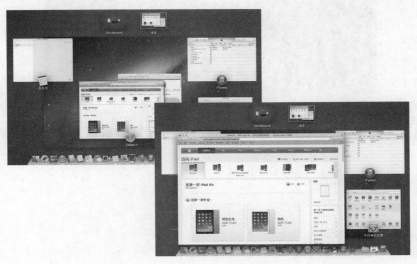

2.5.4　创建桌面

Mission Control 不只是帮你管理窗口，还可以让你的一台计算机使用多个桌面。你是否幻想过拥有多个屏幕桌面，一个处理工作、一个上网、一个玩游戏……多个桌面可以做的事情太多了，现在这些愿望 Mission Control 全都可以帮你实现。

要使用多个桌面，首先启动 Mission Control。在 Mission Control 模式中将光标移到右上角，此时会发现突然冒出了一个"+"图标。

单击"+"图标，将创建一个空白桌面，多次单击，将创建多个空白桌面。

要把程序窗口放到新创建的空白桌面中也十分方便，启动 Mission Control 后，直接把程序拖动到右上角的"+"图标上，释放鼠标后即可创建一个空白桌面来放置刚刚拖动过来的程序窗口。

秘技一点通 32——快速查看 Mission Control

在 OS X 中按 F3 键可直接进入 Mission Control 模式中，再按一次即可返回桌面；如果在桌面中按住 F3 键不松开，同样可以直接进入 Mission Control 模式中，此时松开 F3 键，即可返回桌面。

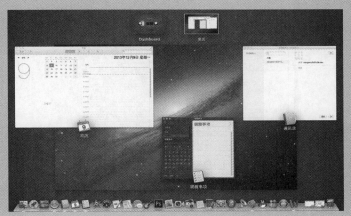

秘技一点通 33

除拖动程序窗口到 "+" 图标上外，还可以将程序窗口直接拖动到新创建的空白桌面，即可将窗口移动到新的桌面空间。

2.5.5　删除桌面

若想要删除已创建的桌面，首先将光标移动到想要删除的桌面缩略图上稍停留片刻，即可看到桌面缩略图的左上角出现了一个"删除"按钮，单击该按钮即可删除此桌面。

秘技一点通34——快速退出当前运行程序

当系统中正在运行某个程序，但是反应很慢，甚至处于"假死"状态。比如当前正在运行 Safari 浏览器，此时可以单击"苹果菜单"图标，在弹出的菜单中按住 Shift 键的同时选择"强制退出 Safari"命令，即可快速将 Safari 浏览器强制退出。

2.6　使用 Dashboard 上的小程序

OS X 提供了许多运用桌面的功能，让你能直接从桌面快速启动应用程序、打开常用文件、查找指定的文件等，只要熟练地掌握这些功能，使用 Mac 就会理加得心应手。

2.6.1　启动 Dashboard

启动 Dashboard 的方有以下几种：

- 使用键盘中的快捷方式，根据不同的主机，系统默认的快捷键分别是 F4 或 F12 键。
- 如果 Dock 工具栏中有 Dashboard 图标，则直接单击该图标。
- 使用设置好的屏幕 4 周触发角。
- 使用触控板的手势切换桌面空间，Dashboard 被默认为是 Mission Control 桌面空间的第一页。

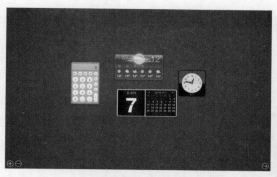

如果觉得开启 Dashboard 快捷方式不符合我们的使用习惯，则可以在"系统偏好设置"｜Mission Control 偏好设置窗口中进行调整。还可以设置将 Dashboard 显示为其中一个桌面空间。

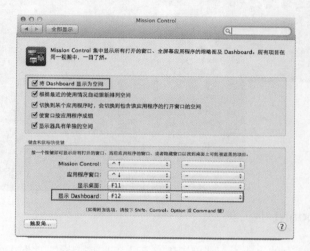

秘技一点通 35

在旧版本的 OS X 里，Dashboard 是悬浮在主窗口之上的，这样便于在打开 Dashboard 的同时还可以阅读主窗口上的信息。如果想改回这样的设置，可取消勾选的"系统偏好设置"｜Mission Control 偏好设置窗口中的"将 Dashboard 显示为空间"复选框。

2.6.2 添加 Dashboard 小工具

在 Dashboard 中了多个 Widget（小工具），OS X 内置了近 20 个 Widget。但第一次启用的时候，Dashboard 只会显示默认的 4 个小工具，如果要添加更多的小工具，可单击屏幕左下角的⊕按钮，将进入工具库。如果要添加工具库中的小工具，直接单击工具图标即可。

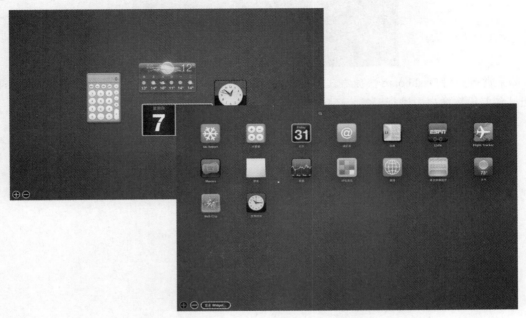

2.6.3 删除 Dashboard 小工具

要想删除 Dashboard 上的小工具，则单击屏幕左下方的⊖按钮，此时 Dashboard 中所有小工具的左上角将显示⊗按钮，单击该按钮即可删除相应的小工具。

秘技一点通36——让 Dashboard 不再单独占用一个空间

在 Dock 工具栏中单击"系统偏好设置"图标，在弹出的面板中单击 Mission Conrtol 图标，取消勾选"将 Dashboard 显示为空间"复选框，此时单击 Dock 工具栏中的图标，就不会占用空间，反之勾选复选框之后则会显示。

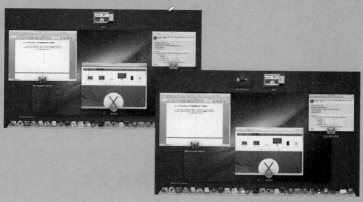

第 3 章 文件管家——Finder

在 OS X 系统中，Finder 作为系统的文件管理员，通过它可以访问磁盘中的音乐、电影、图像以及移动储存设备等文件。它的功能类似于 Windows 的资源管理器，不同的是苹果公司仍然以最易用、好用为基本，所以它相比 Windows 的资源管理器更好用，本章将重点介绍 Finder 的操作及技巧。

3.1 专属文件夹存放文件

当文件越来越多时，我们就必须对其进行分类，以便日后进行管理，此时，就可以创建新文件夹来存放文件。下面来看看个人文件夹是如何创建的。

3.1.1 创建文件夹

打开 Finder 窗口，然后在左侧边栏中选择要存入文件夹的分类项目，如"文稿"项目，接着单击鼠标右键，以弹出快捷菜单，再选择"新建文件夹"命令，即可创建一个"未命名文件夹"。

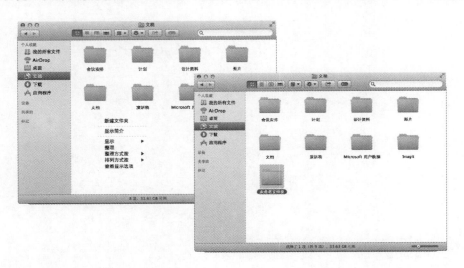

秘技一点通 37——使用彩色标签来标识文件夹

右击文件或文件夹，然后在弹出的快捷菜单中的"标签"区域中，选择所需要的颜色即可。

秘技一点通 *38* ——灵活控制窗口

　　在 Finder 打的两个单独的窗口中按住 ⌘ 键，可以拖动后方窗口任意移动而不会对前方窗口产生任何影响。

3.1.2　重命名文件夹

　　创建了新文件夹后，我们需要根据该文件夹内存放的文件来为其重新命名。首先单击要进行重命名的文件夹，接着单击文件夹下方的文件名，以确定当前的选择区域为文件名，然后再输入新的文件名。

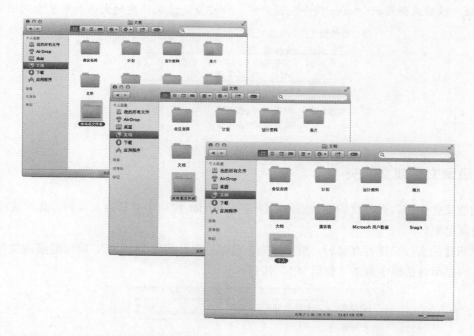

秘技一点通 *39*

　　第一次单击文件夹，与第二次单击的时间要有一定的间隔时间，否则就会变成"双击"，从而打开文件夹。

3.1.3 文件夹大小和数量

在 Finder 中查看文件的大小和数量有以下两种方法：

● 选中要查看的文件夹，接着按下 空格键 即可查看该文件夹的大小和所包含的项目数。

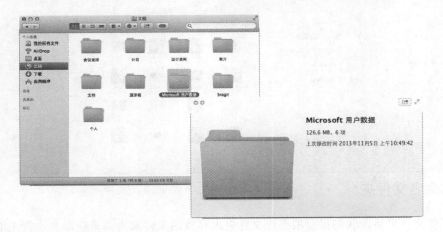

● 选择要查看的文件夹，接着右键单击该文件夹，在弹出的快捷菜单中选择"显示简介"选项，然后在弹出的"xxxx 简介"窗口中，即可查看该文件夹的大小和所包含的项目数。

3.1.4 隐藏文件或文件夹

在创建文件夹时，有时我们不希望该文件夹在 Finder 窗口中被其他人看到，此时就可以将该文件夹隐藏起来。

在对新建的文件夹进行存储时，给文件夹命名时，在名称前加上"."，即可隐藏该文件夹。接着在弹出的提示对话框中单击"使用'.'"按钮。

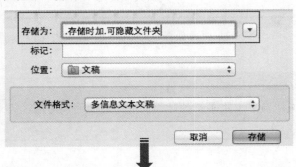

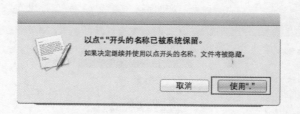

需要注意的是，此方法只对新创建的文件夹起作用，而无法对重命名的文件夹起作用。

3.1.5　创建隐藏文件夹

使用过 Windows 的用户都知道系统自带有隐藏文件夹的功能，而如今在 Mac 中，我们同样可以实现这项功能。

首先新建一个文件夹，并将其重命名，再将其后缀名更改为 ".PKG"，命名完成后，然后在弹出的提示对话框中，单击"添加"按钮。

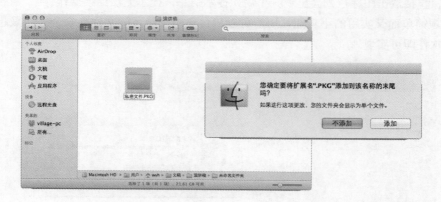

此操作完成后，此文件夹图标会变成黄色箱子图标样式。要想打开该文件夹，可在这个图标上右击鼠标，从弹出的菜单中选择"显示包内容"命令。

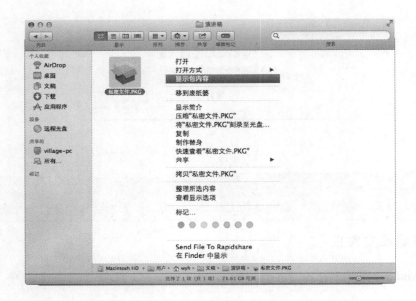

此时将弹出一个窗口，用户可以往这里面放任何自己认为私密的文件。这样，当别人在不知情的情况下，直接双击图标，则会出现一个错误提示信息，提示无法继续操作。

通过这项简单而又实用的小功能，用户可以将自己想要隐藏的文件夹安全地隐藏起来而无需借助第三方软件即可实现。

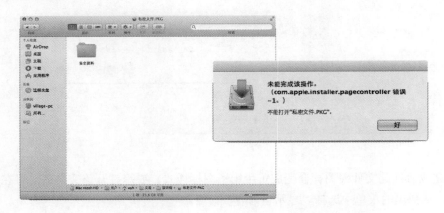

3.1.6　查看隐藏的文件或文件夹

打开某个程序，如"文本编辑"，按" ⌘ +O"组合键，打开"文本编辑—xx"窗口（xx 随存储该文件或文件夹的位置不同而不同），然后再按" shift + ⌘ +."组合键即可显示出隐藏的文件和文件夹。

3.1.7 新建 Finder 窗口

当屏幕中只有一个 Finder 窗口，但又不能满足用户的需求时，可通过以下几种方式来新建 Finder 窗口：

- 打开 Finder 后，按 ⌘ + N 组合键，即可新建一个 Finder 窗口。
- 在 Dock 工具栏中的 Finder 图标上单击鼠标右键，从弹出的快捷菜单中选择"新建 Finder 窗口"命令即可。

- 执行 Finder 应用程序栏中的"文件" | "新建 Finder 窗口"命令即可。

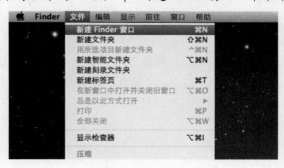

秘技一点通 41——快速新建窗口

在 Finder 中按住 ⌘ 键单击左侧边栏中的项目即可将项目在新窗口中打开。

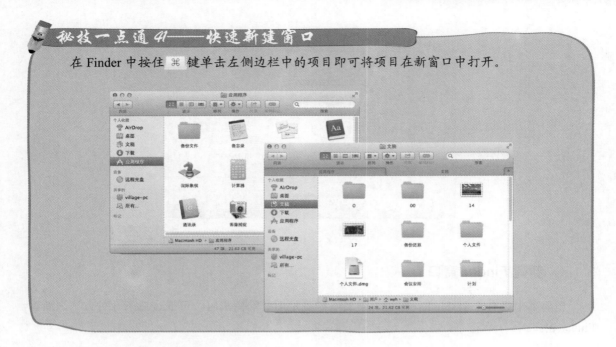

3.1.8 快速最小化当前窗口

在桌面中的某个程序窗口中直接按下 command + M 组合键，可快速将当前程序窗口最小化。

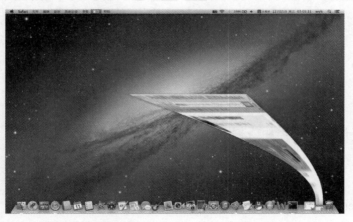

3.1.9 更改打开 Finder 的默认文件夹

打开 Finder 窗口时，默认将显示"我的所有文件"项目。如果用户想更改打开 Finder 的默认文件夹，可执行 Finder 应用程序栏中的 Finder|"偏好设置"命令，打开"Finder 偏好设置"窗口，切换到"通用"标签，在"开启新 Finder 窗口时打开"下拉列表中设置 Finder 的默认文件夹即可。

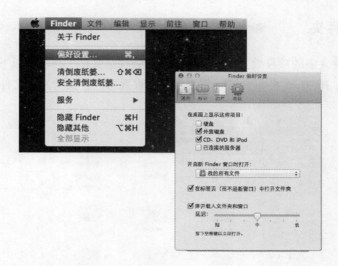

3.1.10　文件的排序

对文件进行排序也就是对其进行二次排列，在 Mac 中有以下几种排序方法：

- 按住 option 键，单击 Finder 窗口工具栏上的排列图标，然后再选择一种排序的方式即可。
- 按住 option 键的同时，在 Finder 窗口的空白处单击鼠标右键，然后从弹出的快捷菜单中选择"排序方式按"命令即可。

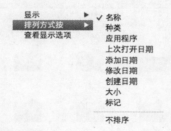

- 执行 Finder 应用程序栏中的"显示"|"排序方式按"命令即可。

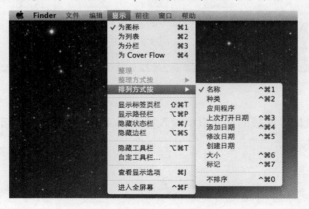

3.1.11　查找空文件夹

空文件夹就是文件夹中的项目数为 0 的文件夹。要查找空文件夹可根据以下操作进行：

打开 Finder 窗口，按 ⌘ + F 组合键，将搜索条件设置为"种类"是"文件夹"。

单击窗口右上角的 ⊕ 按钮，添加搜索条件，单击条件设置框，从弹出列表中选择"其他"命令。

接着在弹出的搜索属性面板的搜索框中输入搜索条件为"项目数"，然后在搜索结果中选中"项目数"，再单击"好"按钮。

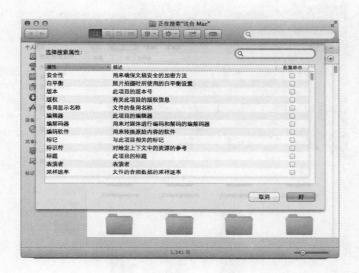

将"项目数"设置为"等于""0",然后再按下 return 键,即可找到所有的空文件夹。

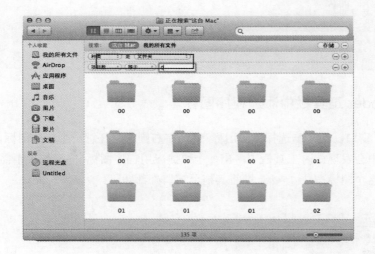

秘技一点通 42——快速前往指定文件夹

在 Dock 工具栏中将光标移至 Finder 图标上按住鼠标左键不松开,此时将弹出一个菜单,在菜单中选择"前往文件夹"命令,在弹出的对话框中输入想要前往的文件夹名字,单击"前往"按钮即可,打开所要查找的文件夹。

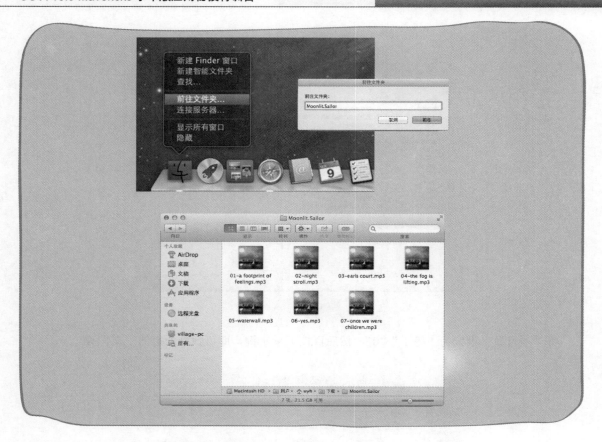

3.1.12　在 Finder 工具栏中添加程序图标

打开 Finder 窗口，在左侧选择"应用程序"，在右侧选中任意一个程序图标，按住 command 键将其拖至工具栏中会发现此时工具栏中多出一个快捷应用程序图标。同时如果不需要这个程序图标的时候可以选中这个图标按住 command 键将其拖至窗口外部即可。

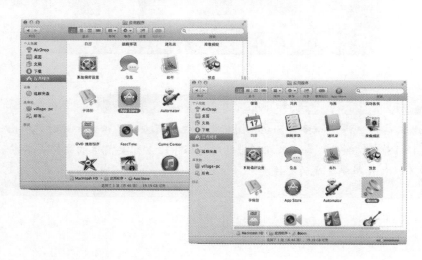

秘技一点通 43

可以在 Finder 窗口的工具栏中添加多个程序图标。

3.1.13 在 Finder 窗口中打印文件

在 Finder 窗口中查看文件的时候可以直接选择菜单栏中的"文件"|"打印"命令，此时系统将自动启动默认打开这个文件的程序并执行打印当前文件的命令。

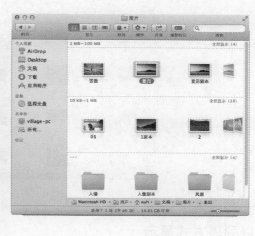

3.1.14 看文件夹的属性

在 Finder 中创建文件夹后，如何在不打开该文件夹的情况下就能查看其属性呢？

首先选择要查看的文件夹，再右键单击该文件夹，接着从弹出的快捷菜单中选择"显示简介"选项，在弹出的"xxxx 简介"窗口中，即可查看文件夹的种类、位置、创建时间等属性。

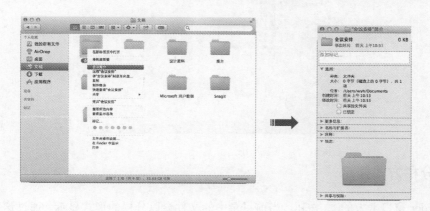

3.2 不同的显示方式

在 Finder 窗口中有四种不同的显示方式。这些显示方式各有其特点，用户可依名称、日期来显示文件，以适合我们工作中的各种需求。

3.2.1 以图标方式显示

单击 Finder 窗口上方的 按钮，当前目录中的文件就会以图标的方式显示。如果是图像、PDF电子书一类的文件，文件图标会以文件内容的缩略图方式显示。此时，可通过图标缩略图就能快速分辨出文件的类型。

3.2.2 以列表方式显示

单击 Finder 窗口上方的 按钮，当前目录中的文件会以列表的形式显示。通过这种显示方式可以了解每个文件的修改日期、大小、种类、添加日期等详细信息。

3.2.3 以分栏方式显示

单击 Finder 窗口上方的 按钮，当前目录中的文件会以分栏的形式显示。通过这种显示方式可以清楚地看出每个文件的层级结构。

3.2.4　以 Cover Flow 方式显示

单击 Finder 窗口上方的  按钮，当前目录中的文件会以 Cover Flow 的形式显示。这种显示方式适合用来浏览照片、影片等，在此模式中可以清楚地看到图片的内容，并且还能详细地了解每个文件的详细信息。

3.3　Finder **的搜索功能**——Spotlight

当我们要访问某些文件或文件夹，但又忘记了它的存储位置时，就可以借助 OS X 内置的超强的 Spotlight 搜索功能，善用这项功能，Mac 即可快速把你想要的文件找出来。

3.3.1　使用关键词来搜索

如果知道要查找的文件或文件夹的完整名称，那么打开 Finder 窗口后，在右上角的搜索栏内输入名称，马上就就能在下面的窗格中列出我们所需的文件或文件夹。

但如果我们记不清项目的完整名称，而是以名称中的一部分作为搜索关键词，那么找到的结果可能会非常多。这就需要进一步指定条件来缩小搜索范围。

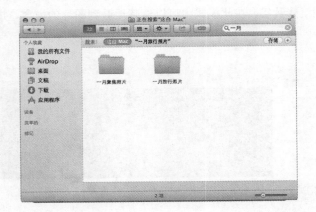

3.3.2　存储搜索操作

如果要把搜索结果存储为一个搜索文件夹，可单击"存储"按钮，默认的搜索文件夹的存储位置是"硬盘"|"用户"|"个人专属"（你的账户简称）|"资源库"|"存储的搜索"，在存储对话框中勾选"添加到边栏"选项，这个搜索文件夹就会自动加入到边栏的"搜索目标"里面了。

秘技一点通 44——开启 Spotlight 隐私功能

　　默认情况下，Spotlight 可搜索计算机中的所有文件、程序，如果自己不想让 Spotlight 搜索出指定的文件，可以开启隐私保护功能。

　　单击 Dock 工具栏中的"系统偏好设置"图标，在弹出的面板中单击 Spotlight 图标，此时将弹出 Spotlight 偏好设置面板。

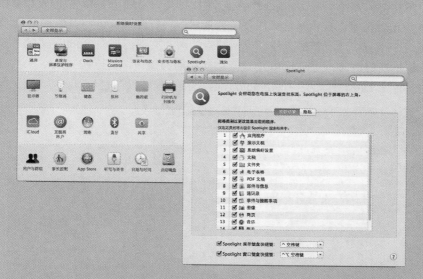

　　单击面板上方的"隐私"标签，在"隐私"设置面板中单击左下角的＋按钮，在弹出的窗口中选择不希望被搜索到的文件或文件夹，然后单击"选取"按钮即可。

　　假如想取消这个受隐私保护的文件或者文件夹，则先在"隐私"设置面板中选中列表框中的文件夹，再单击面板左下角的－按钮即可。

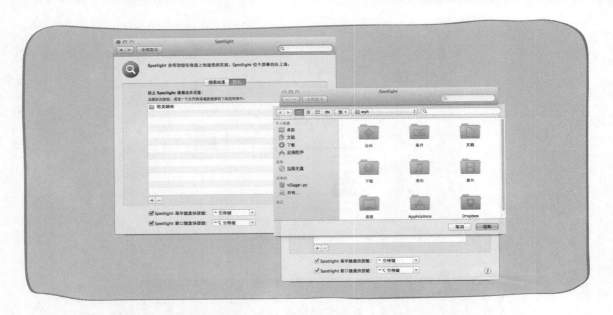

3.3.3 利用指定程序打开 Spotlight 搜索项

经常使用 Spotlight 查找文件的用户都深知这项功能带来便利，通过它的搜索可以找到自己所需要的文档、图片编辑等操作。比如想搜索一幅图片将其应用到 iPhoto 中创建相册，此时，就可先在 Spotlight 中进行搜索，搜索到这张图片的位置后，再打开 iPhoto 将其添加即可。

在这里有一个十分快速有效的方法，当所搜索的图片文件出现在 Spotlight 的下拉列表中后，可以直接按住鼠标左键将其拖至 iPhoto 中进行创建相册的操作，甚至在 iPhoto 未启动的情况下，也可以直接将其拖至 Dock 工具栏中的 iPhoto 图标上打开程序以创建相册。

假如想搜索前天晚上所创建的 Word 文档并且在"文本编辑"中进行快速修改后并发送给朋友，此时可以使用同样的方法，即在 Spotlight 的搜索结果下拉列表中选中所搜索到的 Word 文档，按住鼠标左键将其拖至 Dock 工具栏中的"文本编辑"图标上即可在"文本编辑"中打开 Word 文档。

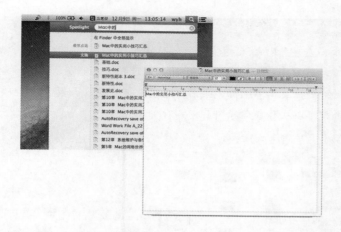

如果在 Spotlight 的搜索结果下拉列表中选中某个文件按住鼠标左键将其拖至桌面中即可创建一个副本文件，同时在拖动的过程中按住 option + command 组合键可以创建一个替身文件。

秘技一点通 45——添加后缀名避开 Spotlight 搜索

　　Spotlight 作为 Mac 系统中强大的一项搜索功能，任何人都可以通过它来找到系统中的已经命名的文件或者文件夹，甚至一些未隐藏的机密文件，假如不想让别人在使用自己电脑的时候利用 Spotlight 搜索到指定的文件，这时该如何做？其实这里有一个十分简单的方法，只需要给想"避开"搜索的文件添加一个后缀名即可实现。

　　例如，选中 Finder 中的"机密资料"文件夹，为其添加一个".noindex"的后缀名即可。

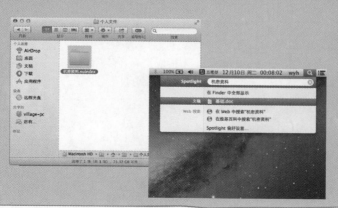

秘技一点通 46——搜索过去听过的音乐

　　打开 Finder 窗口，在搜索栏输入关键字"MP3 音频"后，单击 ⊕ 按钮，然后在出现的条件设置栏最左侧的下拉菜单中选择"上次打开日期"选项，在"是"下拉菜单中选择"在过去"选项，在最右侧的下拉菜单中选择"天内"选项，接着输入天数 3，这样搜索结果一下就精简了。同理，单击就可以去除搜索条件。

第4章　网络连接与打印

假如想要在 Mac 上冲浪，首先要将其接入互联网，接入互联网的方法主要有两种：第一种，是通过 RJ-45 接口的方式接入固定的宽带接入口；第二种，则是通过无线热点接入互联网，也就是通常我们所说的 Wi-Fi。在这里就为读者讲解第二种网络连接类型及使用方法。

4.1　以太网

所有宽带网络除了通过无线传输以外，都必须用到 Mac 主机上的以太网络终端，通过 RJ-45 网络线连接；而且不仅是 Mac 主机，所有其他的网络设备，包括 ADSL、CABLE 调制解调器，乃至接下来会提到的各种有线网络设备，都是使用以太网络进行连线的。

4.1.1　PPPoE（ADSL 宽带连接）

ADSL 是一种使用电话线作为传输媒介的宽带接入服务。如果家里申请了 ADSL 宽带上网，而且仅供一台 Mac 或者通过集线器让几台计算机同时上网，那么在 Mac 里面就要进行 ADSL 的网络设置。

1. 连接或断开 PPPoE

首先，将联通接入端的网络接口以有线方式接入电稿的网络接口，单击 Dock 工具栏中的"系统偏好设置"图标，打开"系统偏好设置"窗口，然后再单击"网络"图标。

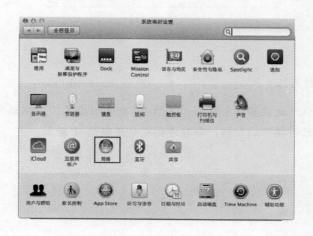

在打开的"网络"偏好设置窗口中，在右侧的"配置 IPv4"下拉菜单中选择"创建 PPPoE 服务"选项。接着在弹出的对话框中输入一个易于记忆的网络名称，再单击"创建"按钮。

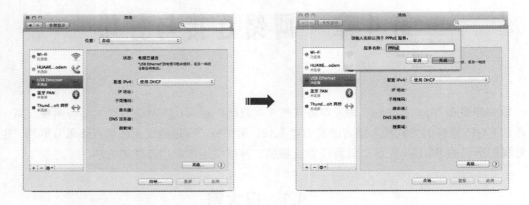

在"账户名称"和"密码"字段中分别输入办理 ADSL 时配发的账户名称和密码。完成设置后，一般会提示需要重新启动网络服务，此时单击"应用"即可。

2. 查看 IP

查看 IP 有以下两种方法。

- 通过"网络"偏好设置窗口中查看：打开"系统偏好设置"|"网络"偏好设置窗口，单击网络列表中"已连接"的网络，即可看到当前连接的 IP 地址。

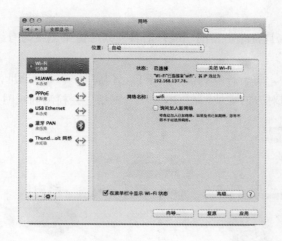

- 通过"系统信息"查看：打开 Launchpad|"网络实用工具"，再切换到"简介"标签，然后再选择要查看信息的网络接口，即可看到当前连接的 IP 地址。

3. 查看网络连接时间

打开"系统偏好设置"|"网络"偏好设置窗口，单击网络列表中已连接的 PPPoE 服务，即可查看当前连接的时间。

4. 网络的高级设置

打开"系统偏好设置"|"网络"偏好设置窗口，单击网络列表中要设置的网络，然后再单击"高级"按钮，即可对网络进行高级设置，包括 TCP/IP、DNS、WINS、代理、PPP 等。

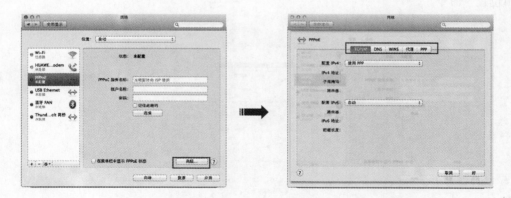

4.1.2 局域网设置连接

如果一个网络环境里有两台以上的计算机需要上网，同时也必须互相传送数据的话，创建局域网则是最佳的解决方案。局域网可以实现文件管理、应用软件共享、打印机共享、工作组内的日程安排、电子邮件和传真通信服务等功能。下面将介绍局域网的基本概念，同时讲解基本的架设方式。

一般无线基站本身也具备路由器的功能，而且能同时提供无线与有线连接，操作原理和路由器一样。

在计算机的局域网中，每台计算机都有属于自己门牌号——IP 地址，如果要把数据送到特定的计算机，就必须先知道对方的地址。在 OS X 中"网络"会检测局域网里的所有计算机。

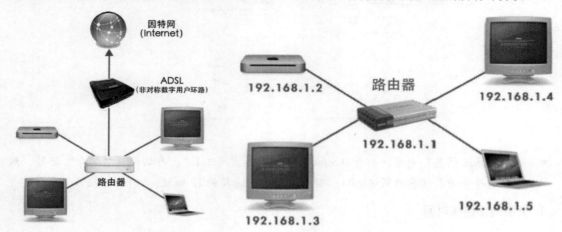

4.1.3　设置网络所在位置

如果用户的 Mac 是笔记本，在家是用 ADSL 上网，而到公司却要设置为局域网络连接，此时可利用"位置"的设置就可以轻松切换各种上网设置项。

首先，打开"系统偏好设置"|"网络"窗口，在"位置"字段，打开下拉菜单，然后再选择"编辑位置"命令。

在弹出的对话框中单击 + 按钮，接着输入新位置的名称，例如"公司"。

添加完成之后就会多出一组新的网络设置项，这样就不会把该网络设置项和其他组设置项混淆了。设置好各个位置的上网方式后，如果要更换 Mac 笔记本的上网位置时，单击屏幕左上角的"苹果菜单"图标 ，在弹出苹果菜单中选择"位置"|"公司"命令，就可以直接切换各个位置

的上网设置项了。

4.2　Wi-Fi（Airport 无线网络）

如果要用 Mac 和其他计算机进行网络连接，但是一时又找不到无线基站该怎么办呢？此时，就可以通过 Mac 内置的 Airport 无线网络功能，来解决这一个问题。

4.2.1　创建 Wi-Fi

如果两台计算机要进行无线传输数据，直接单击菜单栏上的 Airport 图标 ，然后在弹出的菜单中选择"创建网络"命令。

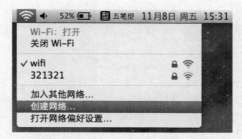

选择"创建网络"命令后，系统将自动打开一个对话框，然后再设置这台 Mac 的名字。此时，这台 Mac 就相当于是虚拟服务器了。

当我们的 Mac 创建了网络后，其他计算机的无线网络菜单里就会显示这台 Mac 主机的选项，单击该选项就可以建立连接。

4.2.2 关闭 Wi-Fi

Mac 默认打开 Wi-Fi 后，就不会自动将其关闭，即使是关机后再重新启动，Wi-Fi 都会自动打开，并且自动搜寻周围的无线网络。

要关闭 Wi-Fi，有以下两方法：

● 单击系统菜单栏中的无线网络图标，然后再弹出的列表中选择"关闭 Wi-Fi"命令即可将其关闭。

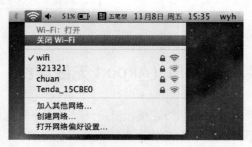

● 打开"系统偏好设置"|"网络"偏好设置窗口，在网络列表中选择"Wi-Fi"，然后再单击"关闭 Wi-Fi"按钮。

4.2.3 查看无线网络详情

按住 option 键的同时，单击系统菜单栏中的无线网络图标，即可看到当前连接的无线网络的无线环境，包括模式、频道、安全性、传输速率等详情。

4.2.4　Wi-Fi 的管理权限

如果想要设置只有管理员才能使用 Wi-Fi，则打开"网络"偏好设置窗口，在网络列表中选择"Wi-Fi"，再单击"高级"按钮，然后再切换到"Wi-Fi"标签中，选中"打开或关闭 Wi-Fi"复选框。此时当你再打开 Wi-Fi 时则需要输入管理员密码才能连接。

4.3　蓝牙

蓝牙是以公元 10 世纪统一丹麦和瑞典的一位酷爱吃蓝梅，以至于牙齿都被染成了蓝色的蓝牙国王而得名的。对手机而言，与耳机之间不再需要连线；在个人计算机，主机与键盘、显示器和打印机之间可以摆脱纷乱的连线，可以实现智能化操作。

4.3.1　打开蓝牙

在 Mac 中要想打开蓝牙，可通过以下两种方式：

● 单击菜单栏中的蓝牙图标，然后在弹出的列表中选择"打开蓝牙"命令即可。

● 单击 Dock 工具栏中的"系统偏好设置"图标，打开"系统偏好设置"窗口，然后再单击"打开蓝牙"按钮，在打开的"蓝牙"偏好设置窗口中单击"打开蓝牙"按钮。

秘技一点通 47

蓝牙一旦打开，除非手动将其关闭，否则不管电脑是注销还是重启，蓝牙都一直处于打开状态。

4.3.2　显示蓝牙状态

默认情况下，在 Mac 的菜单栏中会显示蓝牙的图标，但如果你将蓝牙从菜单栏上移除了，那么就需要重新显示蓝牙状态了。

单击 Dock 工具栏中的"系统偏好设置"图标，打开"系统偏好设置"窗口，然后再单击"蓝牙"图标，在打开的"蓝牙"偏好设置窗口中选中"在菜单栏中显示蓝牙"复选框即可。

4.3.3　查找和连接蓝牙设备

在 Mac 中查找和连接蓝牙设备有以下两种方法：

● 打开蓝牙，单击菜单栏上的蓝牙图标，在弹出的列表中选择"打开蓝牙偏好设置"命令。

● 在出现的面板中可以看到右侧所有设备的列表，并且 Mac 会自动刷新以查找周围的设备。

● 选中列表框中的设备，右击鼠标，从弹出的菜单中选择"连接到网络"即可与当前设备连接。

4.3.4　发送文件

要想给其他蓝牙设备发送文件，可通过以下方法来操作：

- 单击菜单栏上的蓝牙图标，在弹出的列表中选择"将文件发送到设备"命令，再选择要发送的文件，按 return 键确认，然后再从设备列表中选择一个设备，再单击"发送"按钮即可。

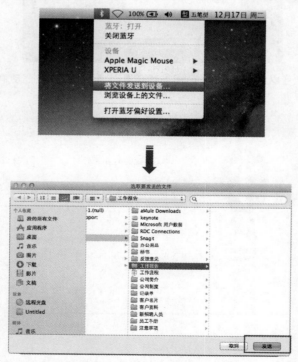

4.3.5　使用服务菜单为蓝牙发送文件

单击 Dock 工具栏中的"系统偏好设置"图标，打开"系统偏好设置"窗口，然后再单击 "键盘"图标，在打开的"键盘"偏好设置窗口中切换到"键盘快捷键"标签，在左侧列表框中选择"服务"选项，然后再在右侧的列表框中选中"将文件发送到蓝牙设备"复选框，就可通过服务菜单为蓝牙设备发送文件了。

4.3.6　移除已连接的设备

要想移除已经连接的设备，可以使用以下方法：

● 单击 Dock 工具栏中的"系统偏好设置"图标，打开"系统偏好设置"窗口，然后再单击"蓝牙"图标,打开"蓝牙"偏好设置窗口,单击左侧的"打开蓝牙"按钮,将光标移至想要移除的设备名称右侧当出现 ⊗ 图标时,单击此图标在出现的对话框中单击"移除"按钮即可。

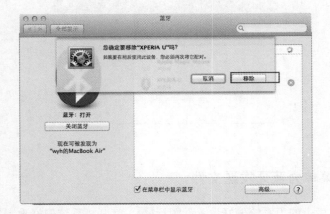

4.3.7 查看蓝牙版本

要想查看当前使用的蓝牙的版本,可通过以下三种方式:

- 按住 option 键的同时单击菜单栏上的蓝牙图标,从弹出的列表中就可以看到蓝牙的版本。

- 单击屏幕左上角的"苹果菜单"图标 ,在弹出的苹果菜单中,按住 option 键的同时单击"系统信息"命令,然后在打开的窗口中选择"硬件"选项组中的"蓝牙"项目,所以查看到本机蓝牙的所有信息。

秘技一点通48——快速打开"辅助功能选项"设置窗口

在任何情况下 按 option + ⌘ + F5 键都可以快速打开常用的"辅助功能选项"设置窗口。

4.4 打印文件与打印机管理

打印机是办公最常用的设备,要想让文件显示在纸上就必须要靠打印机来完成,在 Mac 中设置打印机的方法非常简单,下面我们就来看看在 OS X 系统中如何配置、共享及管理打印机,并且用它来完成打印工作。

4.4.1 连接打印机

首先把打印机接上 Mac 计算机上,目前市面上大部分打印机都采用 USB 接口,使用 USB 线将打印机连接到 Mac 上。

接着单击 Dock 工具栏中的"系统偏好设置"图标，打开"系统偏好设置"窗口，然后再单击"打印机与扫描仪"图标。

在"打印机与扫描仪"窗口中，单击 + 按钮，打开"添加"窗口，此时，系统会自动搜索目前连接到 Mac 上的打印机，并显示打印机的型号与连接方式，如果 OS X 本身已经内置了这台打印机的驱动程序，下方的"使用"字段中就会显示出这台打印机的型号，选择该打印机后，单击"添加"按钮即可。

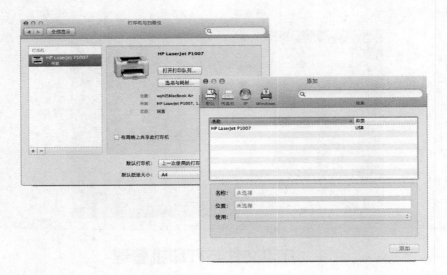

4.4.2 打印文件

打印机连接好之后，接着就来试试将 Mac 中的文件打印出来。

打开 Finder 程序，然后再切换到文件所在的文件夹。接着双击要打开的文件，将文件打开。

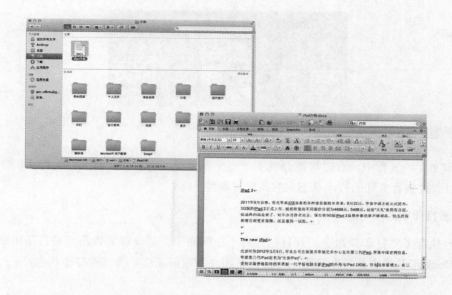

单击应用程序菜单中的"文件"|"打印"命令，然后在弹出的对话框中可以预览打印在纸上的效果。

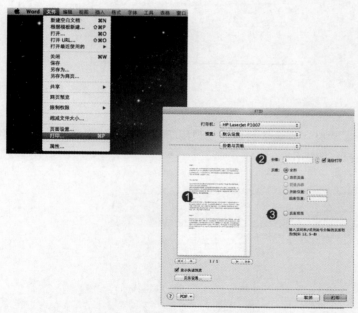

❶ 预览区域：可预览文件的打开效果。

❷ 份数：可直接输入想要打印的份数，默认为 1 份。

❸ 页数：设置打印的范围，默认为打印文件的所有页数。

确认打印设置无误后，单击预览对话框右下角的"打印"按钮，此时在桌面的 Dock 工具栏中会出现打印机图标，表示该文件正在打印中。

4.4.3 查看打印状态

在打印文件的过程中，有时可能会发生一些突发情况，例如，打错文件、打印机中缺纸等，此时，可以通过查看文件的打印状态来对其进行调整。

1. 查看打印状态

当已经执行了"打印"命令，并且已经有一段时间了，却发现文件还没被打印出来，此时，可以单击 Dock 工具栏中的打印机图标，打开打印文件窗口来查看当前的打印状态。

2. 暂停打印

如果在已经执行了"打印"命令后，才发现用于打印的纸放错了，此时，可以在打印文件窗口中暂停打印机的此次打印操作。

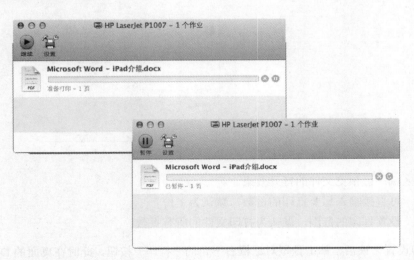

3. 取消打印

如果在浏览文件时，不小心执行了"打印"命令，但此文件并不需要打印，此时，可以取消此次的打印操作。

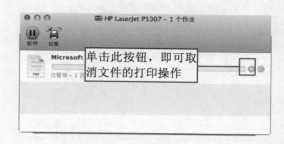

4.4.4　管理打印机

在打印大量的文件之前，应该先检查打印机墨粉的剩余量，以免发生文件打印到一半时，没有墨粉的尴尬场景。也可以为 Mac 设置默认的打印机。

1. 查看打印机的墨粉剩余量

单击 Dock 工具栏中的"系统偏好设置"图标![icon]，打开"系统偏好设置"窗口，然后再单击"打印机与扫描仪"图标，以打开"打印机与扫描仪"窗口。

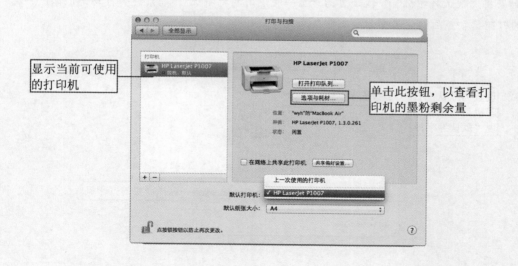

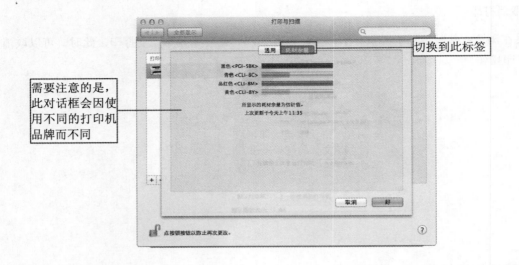

需要注意的是，此对话框会因使用不同的打印机品牌而不同

切换到此标签

2. 设置默认的打印机

如果在办公环境中，同时有多台打印机可供使用，此时，就可以指定一台作为该 Mac 计算机的默认打印机。在打印时，如果不特别指定，则就会使用这台默认的打印机来打印文件。在"默认打印机"下拉列表中选择需要设置为默认的打印机即可。

秘技一点通 49

如果将"默认打印机"字段设置为"上一次使用的打印机"，则系统会自动记忆你上一次使用的打印机，然后就会用那一台打印机来打印文件。

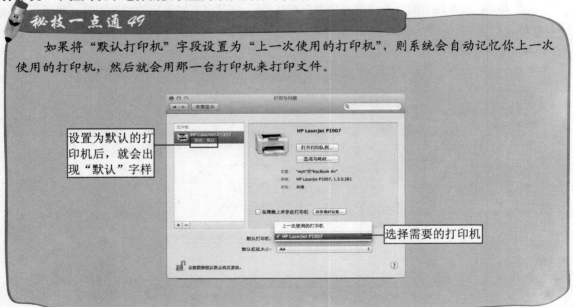

设置为默认的打印机后，就会出现"默认"字样

选择需要的打印机

第 5 章　玩转 Mavericks

通过前面几章的学习，读者对 OS X 已经有了一定的了解。本章则对系统作进一步的讲解，在了解的基础上做到轻松玩转最新操作系统，从而体会到最新操作系统为我们的生活及学习过程中提供的极大便利

5.1　Finder 窗口的个性化设置

OS X 系统中的 Finder 相当于 Windows 系统中的资源管理器，其主要的功能都是管理计算机中所有的文件与文件夹。同样的，我们也可以对 Finder 进行设置，使其更加符合我们的使用习惯。

5.1.1　自定义 Finder 边栏

Finder 窗口设计的精巧之处就是其左侧的边栏。这个简单利落的边栏功能可方便我们迅速存取特定的文件夹。

单击应用程序菜单中的 Finder，在弹出的应用程序菜单中选择"偏好设置"命令，打开"Finder 偏好设置"窗口，先单击"边栏"标签，然后再"在边栏中显示这些项目"列表框中设置需要在边栏中显示的选项。

秘技一点通 50——快速重启 Finder

Finder 在 Mac 中具有举足轻重的地位，通过它可以找到各种文件、应用程序以及实现一些功能，在频繁使用 Finder 的时候有可能会出现假死、无反应等情况，此时就需要重启 Finder 来解决问题，在旧版本中或许需要用户前往"终端"输入一些代码来实现，这样比较麻烦，如今最新版的系统中为用户提供了一项十分快速的重启方法。

在 Dock 工具栏中按住 option 键右击 Finder 图标，从弹出的菜单中选择"重新开启"命令即可将 Finder 重启。

5.1.2 清除最近使用的项目

虽然 OS X 系统的设计十分人性化，让用户拥有更好的体验，这一点在细节上十分明显。比如，"最近使用的项目"，有了这个功能之后可以让用户随时找到自己最近使用或者打开过的项目，但有的时候并不想让这些项目被别人看到，这时可以选择"最近使用的项目"｜"清除菜单"命令，选择此命令之后，Mac 将自动清除用户最近使用过的项目。

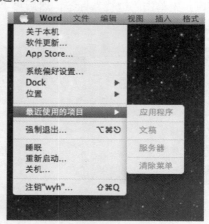

5.1.3 显示文件扩展名

电脑使用一段时间后，必然会保存不同格式的文件，当我们急需某种特定格式的文件时，确不知道电脑中文件的格式。此时，可以先让系统显示所有文件的扩展名，然后以扩展名为关键字在搜索栏中进行搜索即可。

打开任意一个 Finder 窗口，单击应用程序菜单中的 Finder，在弹出的应用程序菜单中选择"偏好设置"命令，打开"Finder 偏好设置"窗口，先单击"高级"图标，然后再选中"在显示所有文件扩展名"选项即可。

5.1.4　Finder 窗口工具栏的设置

默认情况下，在 Finder 窗口上方的工具栏中只有向前、向后、显示、任务、排列、共享等少数几个功能按钮，为方便操作，我们可以将其他经常使用的功能按钮也放到工具栏上。

打开 Finder 窗口，执行应用程序栏中的"显示"|"自定工具栏"命令，将打开一个工具面板。

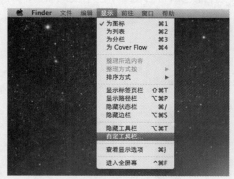

在打开的工具面板中可以看到有多个功能按钮，只须把自己常用的功能按钮（如"新建文件夹"功能按钮）拖动到面板上方的工具栏区域中，即可将其添加到工具栏。

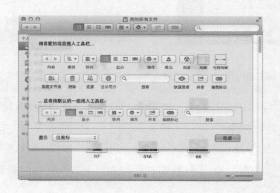

　　而对于工具栏中极少用到的功能按钮，可以将其拖动到工具栏区域外的任意位置，释放左键后即可将其从工具栏删除。

5.1.5　隐藏 Finder 窗口的边栏

　　默认情况下，打开 Finder 窗口时，会在左侧显示边栏，如果用户打开窗口时，觉得边栏占用了窗口太多的空间，可以临时将边栏隐藏。

　　执行应用程序栏中的"显示"|"隐藏边栏"命令，即可临时将边栏隐藏起来。

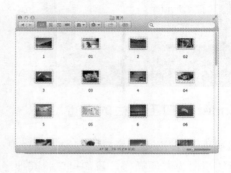

　　当需要恢复显示边栏时，则再次执行应用程序栏中的"显示"|"显示边栏"命令即可。

5.1.6　在 Finder 窗口中显示路径栏

　　如果要想在 Finder 窗口中显示路径栏，首先要打开 Finder 窗口，然后再单击应用程序菜单栏中的"显示"|"显示路径栏"命令。此时，就可在文件显示区域的下方显示路径栏。

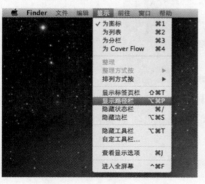

秘技一点通 51——在 Finder 中默认显示目录

　　打开 Finder 窗口以后默认显示的是"我的所有文件"，在这里可以把打开 Finder 后更改为打开磁盘、文稿、或者其他项目。

　　打开 Finder 窗口，选择应用程序菜单栏中的 Finder |"偏好设置"命令，在出现的偏好设置面板中单击顶部的"通用"标签，单击"开启新 Finder 窗口时打开"下方的下拉列表，选择自己想要打开的项目即可。

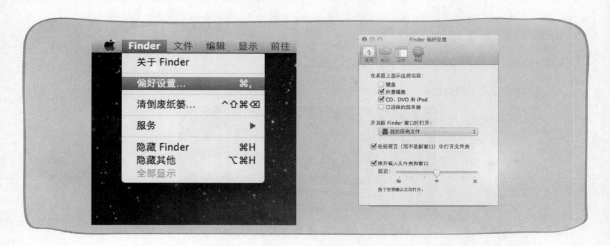

5.2 Dock 的设置

为了使 Dock 工具栏更加美观，并且让它更适合自己的使用习惯，可以对其进行个性化调整，如放大图标、自动隐藏、更改到桌面左边等。

5.2.1 在 Dock 中添加与移除应用程序

Dock 工具栏是用来存放常用的程序和堆栈的，因此，我们可以把常用的程序或堆栈添加到 Dock 工具栏中，也可以将不常用的程序和堆栈从 Dock 工具栏中移除。

1. 添加应用程序

向 Dock 工具栏中添加应用程序有以下几种方法：

- 将 Launchpad 中的应用程序图标拖动到 Dock 工具栏中，以分隔线为分界点。
- 在 Finder|"应用程序"窗口中，首先选中应用程序，然后再按 shift + ⌘ + T 组合键，即可将应用程序添加到 Dock 工具栏中。

秘技一点通 52

Mac 会自动识别添加的应用程序，如果是程序则被添加到分隔线的左侧；如果是文件则被添加到分隔线的右侧。

- 如果是已经启动的程序，则在 Dock 工具栏中的该程序图标上单击鼠标右键，然后在弹出的快捷菜单中选择"选项"|"在 Dock 中保留"选项即可。

2. 移除应用程序

移除 Dock 工具栏中的应用程序有以下几种方法：

● 直接将程序图标拖动到废纸篓中即可。

● 将应用程序图标拖离 Dock 工具栏，然后再释放鼠标。

秘技一点通 53

当程序已经启动时，移除 Dock 上的程序图标时，程序图标并不会消失，只有等到程序退出时图标才会从 Dock 工具栏中消失。

● 在 Dock 工具栏中的应用程序图标上单击鼠标右键，然后在弹出的快捷菜单中选择"选项"｜"从 Dock 中移除"选项即可。

5.2.2　移动 Dock 中的图标

在 Dock 工具栏中，除 Finder 和废纸篓图标外，其他的图标都可以随意拖动，以重新排放它们的位置。

5.2.3　开启 Dock 图标的放大效果

默认情况下，Dock 工具栏中上的所有应用程序图标的大小都是保持不变的，不过我们可以对其进行设置，使其自动放大当前指向的图标，以提高视觉效果。

单击屏幕左上角的"苹果菜单"图标，在弹出苹果菜单中选择 Dock| "启用放大"命令，然后再将光标悬停到 Dock 工具栏中的某个应用程序图标上，该图标就会放大显示，而相临的其他图标大小则依次递减。

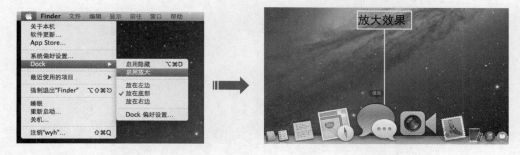

5.2.4　自定义 Dock 图标大小

对于 Dock 工具栏中应用程序图标的大小，可自行对其进行调整，让它呈现出最佳的显示效果。

单击屏幕左上角的"苹果菜单"图标，在弹出苹果菜单中选择 Dock| "Dock 偏好设置"命令。

在打开的 Dock 窗口中，拖动"大小"右侧的滑块，即可调整 Dock 工具栏中应用程序图标的大小；选中【放大】复选框，再拖曳滑块调整放大比例，以调整鼠标指向图标时，图标自动放大的最大比例。

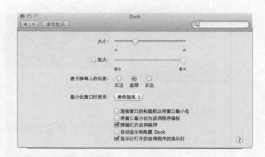

秘技一点通54

要调整 Dock 工具栏中的大小时不一定非要打开 Dock 偏好设置才能调整。将光标移至分隔线上，当其变为双向箭头时，按住触控板并拖动分隔线就可以进行调整。

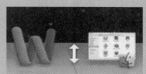

秘技一点通55——临时启用图标放大

在"系统偏好设置"面板中可以设置将光标移至Dock工具栏中的图标上时自动启动放大效果,假如没有开启这个功能,可以利用按住 shift + control 组合键的方法临时开启放大功能,当松开组合键的时候图标将变成原来的效果。

5.2.5 调整 Dock 的位置

默认情况下,Dock 工具栏会在屏幕下方一字排开,但是我们也可以根据自己的习惯和需要,将它调整到屏幕的左侧或者右侧。

单击屏幕左上角的"苹果菜单"图标 ,在弹出苹果菜单中选择 Dock|"放在右边"命令,即可将 Dock 工具栏调整至屏幕的右侧。

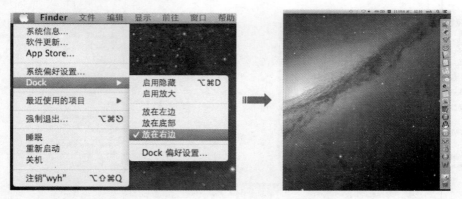

5.2.6 显示与取消程序指示灯

当应用程序启动后,程序指示灯就会在 Dock 工具栏中的程序图标的下方点亮。

打开"系统偏好设置"|Dock 偏好设置窗口,选中窗口下方的"显示已打开的应用程序的指示灯"复选框,即可显示程序指标灯;如果取消该复选框,则可取消程序指标灯。

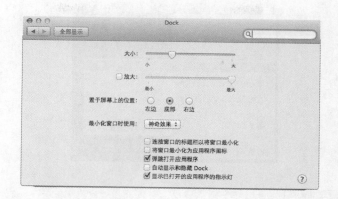

秘技一点通56——快速打开显示器设置

在桌面中直接按下 `option` + `F1` / `F2` 组合键即可打开"显示器"设置面板,按下 `option` + `F5` / `F6`
组合键即可打开"键盘偏好设置"面板。

同样按下 `option` + `F10` / `F11` 组合键即可打开"声音偏好设置"面板。

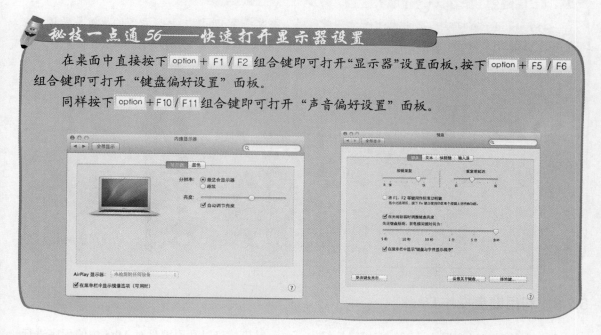

5.2.7　隐藏 Dock

对于使用 MacBook 的用户,如果觉得屏幕过小,而 Dock 工具栏又占用太多的空间,则可以
将其隐藏,从而为应用程序窗口腾出更多的空间来显示内容。

单击屏幕左上角的"苹果菜单"图标 ,在弹出苹果菜单中选择 Dock|"启用隐藏"命令,
即可将 Dock 工具栏隐藏。

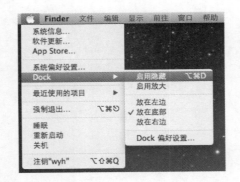

秘技一点通57——Dock 中的程序集合

打开 Finder 窗口后，选中左侧的"应用程序"将其拖至 Dock 工具栏右侧的废纸篓旁边，此时在 Dock 工具栏中将生成一个应用程序图标，单击这个图标将出现一个程序集合窗口。

5.2.8 利用键盘操作 Dock

假如有的时候没有鼠标，而触摸板又恰好失灵，这时仍然可以利用键盘对 Mac 中的程序进行一些简单的操作。

首先在桌面中同时按下 fn + option + F3 组合键定位至 Dock 工具栏中其中一个应用程序的图标上，同时按向左或者向右方向键可以定位不同的程序。

此时，按下 return 键即可启动所定位的应用程序，在所定位的程序图标上按住 command 键的同时再按向上方向键，则将弹出关于这个程序的菜单（与鼠标右键功能相同）。

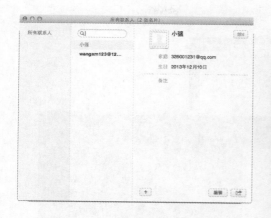

在程序图标上按住 option 键的同时再按向上方向键，在弹出的菜单中可以看到"强制退出"命令，将光标移至当前命令上按 return 键即可执行此命令。

当定位了某个程序图标，此时按下键盘上的任意一个程序名称的首字母键即可快速定位至当前程序。

当定位至某个程序上按住 command 键的同时再按 return 键即可打开当前程序所在的位置。

当定位至某个程序上的时候按住 command + option 键的同时再按 return 键即可隐藏除该程序外的

所有程序和窗口。

5.2.9　将文件夹放在 Dock 分栏线左侧

在 Dock 工具栏中，分为两个区域，在左侧放各类程序，而右侧则是放常用文件夹，假如常用的文件夹比较多，想把它们进行分类，这里，只是需要一个简单的小技巧即可。

例如，选中桌面上一个文件夹，将其文件夹名称后面输入后缀名 ".app"，完成之后按 return 键确认，此时将弹出一个对话框，询问用户是否将此扩展名添加到该文件夹末尾，单击 "添加" 即可。

单击 "添加" 按钮之后，文件夹图标将发生变化，此时拖动文件夹图标至 Dock 工具栏中的左侧边栏中即可添加。

回到桌面中原来的文件夹上，在其图标上右击鼠标，从弹出的快捷菜单中选择"显示简介"命令，在弹出的面板中，在"名称与扩展名"下方的文本框中将".app"删除。

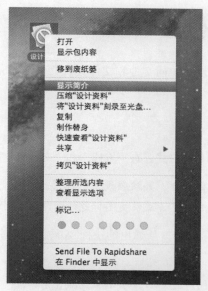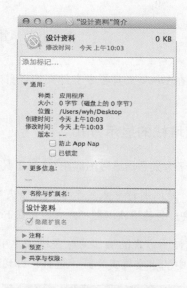

当删除后缀名之后，在 Dock 工具栏中观察文件夹发现其图标并未改变，此时只需要在这个文件夹图标上单击，图标即可变回文件夹样式。

5.2.10　快速搜索

按 option + ⌘ + D 组合键可快速显示或隐藏 Dock 工具栏，按 control + option + 空格键 即可打开搜索窗口，在搜索框中输入自己想要搜索的内容名称即可在这台 Mac 上进行搜索。

5.3　堆栈的设置

堆栈是指在 Dock 工具栏中文件夹的替身，用于快速访问文件和文件夹。其位于 Dock 分隔栏的右侧。

5.3.1　设置堆栈的显示方式

堆栈的显示方式是指堆栈图标在 Dock 工具栏中的显示方式。有"堆栈"和"文件夹"两种方式。

- 堆栈：是以图标形式显示堆栈文件夹中的所有项目，并按照设定的排序方式进行排列。
- 文件夹：是将堆栈以图标方式显示在 Finder 文件夹中，文件夹图标是什么这里就显示为什么。

设置堆栈显示方式的操作为：在堆栈上单击鼠标右键，从弹出的快捷菜单中，通过选择"显示为"选项组中的"文件夹"或"堆栈"即可。

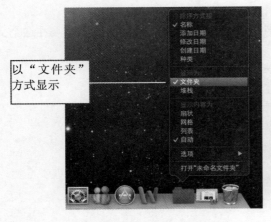

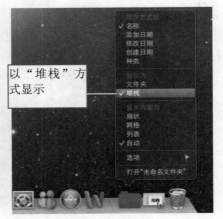

5.3.2　设置堆栈内容的显示方式

堆栈内容的显示方式是指单击堆栈时，文件的显示方式。

在堆栈上单击鼠标右键，在弹出的快捷菜单中，可以通过"显示内容为"选项组中进行选择。

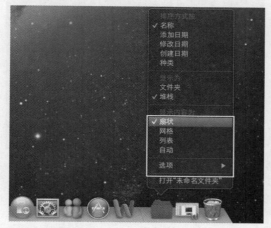

- 扇状：是以扇状来显示堆栈内容。

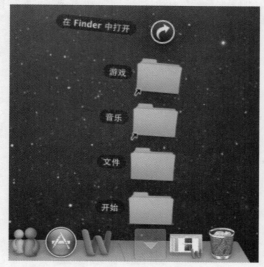

- 网格：是以网格来显示堆栈内容。

- 列表：是以列表来显示堆栈内容。

- 自动：是以扇状或网格来显示堆栈内容。

5.3.3 设置堆栈内容的排序方法

在堆栈上单击鼠标右键，在弹出的快捷菜单中，可以通过"排序方式按"选项组中进行选择，包括"名称"、"添加日期"、"修改日期"、"创建日期"和"种类"5 种排序方式。

5.4 桌面环境设置

OS X 系统默认的桌面外观非常的炫，也非常的酷。但对着它久了，难免会产生腻的感觉，不过不用担心，OS X 系统和 Windows PC 一样，可以让我们根据自己的喜好，随意更换桌面背景，下面就让我们来对桌面的外观进行个性化的调整吧。

5.4.1 桌面设置

1. 整理桌面文件

Mac 桌面文件默认从桌面右侧开始排列，以图标方式显示，可以随意摆放和重叠，这是因为 Mac 的默认排序方式为"无"。如何想要让桌面文件保持有序的排列，通过三种方式进行管理，即整理、整理方式按和排序方式。

具体来说，要选择这三种方式，可以通过以下两种途径进行：

- 在桌面空白处，单击鼠标右键，然后再从弹出的快捷菜单中选择"整理"、"整理方式按"和"排序方式"。

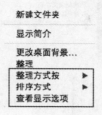

- 在 Finder 应用程序菜单中，执行"显示"|"整理"、"整理方式按"或"排序方式"命令。

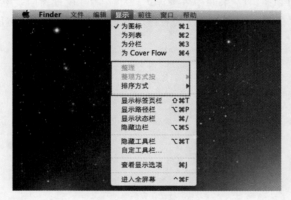

2. 将文件放入新建文件夹

要想将文件放入新建文件夹，传统的方式是，必须先新建一个文件夹，然后再利用拖动的方式来完成。但现在 Mac 中这一操作将变得更加直观、方便和人性化。

具体来说，在 Mac 中可以通过以下两种方式来完成将文件放入新建文件夹中：

- 选中文件，然后再单击鼠标右键，从弹出的快捷菜单中选择"用所选项目新建文件夹"命令。

- 执行 Finder 应用程序菜单中的"文件"|"用所选项目新建文件夹"命令。

3. 设置桌面背景图片

前面章节介绍过，从"系统偏好设置"|"桌面与屏幕保护程序"偏好设置窗口中，设置系统内置的图片为桌面背景，下面就来介绍如何将我们自己的照片设置为桌面背景。

同样打开"系统偏好设置"|"桌面与屏幕保护程序"偏好设置窗口。单击窗口左下角的 + 按钮，在打开的对话框中选择保存照片的文件夹，接着再选择自己满意的照片，然后单击"选取"按钮。

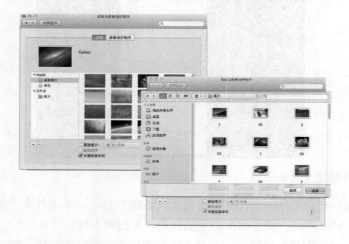

单击"选取"按钮后，即可返回"桌面与屏幕保护程序"窗口，此时可以看到所选文件夹内所有照片的缩略图，选择要设置为桌面背景的图片，然后选择图片在桌面的填充方式即可。

❶充满屏幕：保持图片的原始比例，然后将图片放大或缩小到填满整个屏幕。如果图片的宽高比和屏幕的宽高比不一致，则这种填充方式将对背景图像作裁剪处理。

❷适合于屏幕：保持图片的原始比例，然后放大或缩小图片直到照片在屏幕中完整显示。如果图片的宽高比和屏幕的宽高比不一致时，则这种填充方式会使桌面的上下或左右两侧将会出现背景色。

❸拉伸以充满屏幕：图片的宽度和高度将自动扩大或缩小到与屏幕的宽度和高度一致的尺寸。如果图片的宽高比和屏幕的宽高比不一致，则这种填充方式会使背景图像失真。

❹居中：保持图片的原始比例，并让照片居中显示。

❺平铺：保持图片的原始比例，如果图片的尺寸比屏幕尺寸大，则图片将居中显示，并且只显示出桌面大小范围的内容；如果图片尺寸比屏幕尺寸小，则将在桌面上显示多张照片。

4. 动态背景的使用

如果用户的电脑里有大量精美的图片，就可以将它们都设置为桌面背景，让系统每隔一段时间就更换一张图片作为背景，实现动态背景效果。

打开"系统偏好设置"|"桌面与屏幕保护程序"偏好设置窗口。单击窗口左下方的 + 按钮，在打开的对话框中选择保存照片的文件夹，接着再选择照片，然后单击"选取"按钮。

返回"桌面与屏幕保护程序"偏好设置窗口后，选择"更改图片"选项，然后在其右侧的下拉菜单中选择更改图片的时间，如每 15 分钟。默认将按缩略图列表中排列的顺序来更换背景图片，当然还可以选择"随机顺序"选项，则系统将会在该文件夹中随机选择一张图片来作为桌面背景。

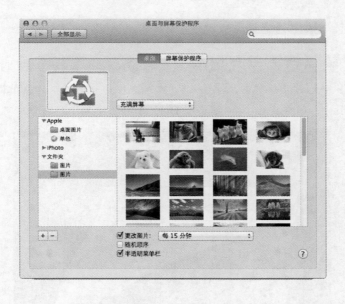

秘技一点通 58——显示方式

在任何文件夹中按 ⌘ + 1 / 2 / 3 / 4 组合键可在"图标"、"列表"、"分栏"和"Cover Flow" 4 种视图间切换

秘技一点通 59——快速最小化多个窗口

当桌面上有多个已打开的窗口，按住 option 键单击任意一个窗口的最小化按钮，可快速同时将所有窗口最小化。同样按住 option 键单击 Dock 工具栏中的图标窗口即可正常显示

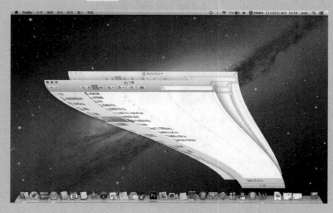

5.4.2 屏幕设置

1. 放大屏幕

放大屏幕是指放大屏幕上的内容。Mac 对屏幕的放大包含整体放大和窗口放大两种。

放大屏幕有以下两方式：

- 按住 control 键，滚动鼠标滚轮即可（放大修饰键可以在"系统偏好设置"|"辅助功能"|"缩放"窗口中设置）。

- 按住 option + ⌘ + = 组合键或者 option + ⌘ + − 组合键，来执行放大和缩小屏幕的操作。默认情况下，每按一次放大或缩小一倍，若按住不放将连续放大和缩小屏幕。

2. 放大窗口

当我们在放大屏幕时，也可以使用窗口进行局部放大。（在"系统偏好设置"|"辅助功能"|"缩放"窗口中，设置"缩放样式"为画中画）

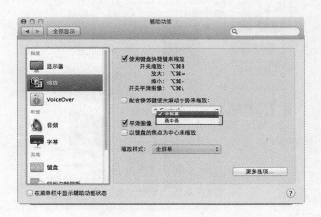

3. 让屏幕失去色彩

单击 Dock 工具栏中的"系统偏好设置"图标 ，打开"系统偏好设置"窗口，再单击"辅助功能"图标，打开"辅助功能"偏好设置窗口。接着在左侧的列表中选择"显示器"选项，然后再选中"使用灰度"复选框，即可使电脑失去色彩。取消选中的"使用灰度"复选框，即可使电脑恢复多彩的世界。

4. 设置屏幕保护程序

在使用电脑的过程中，当电脑处于闲置状态时，我们可以启用屏幕保护程序，让系统自动播放屏幕保护画面，以保护屏幕。

打开"系统偏好设置"|"桌面与屏幕保护程序"偏好设置窗口，再切换到"屏幕保护程序"标签。屏幕保护程序分为两个类别，其一是幻灯片显示，其二是屏幕保护程序。

（1）幻灯片显示

在"屏幕保护程序"标签的左窗格中，其上半部分为"幻灯片显示"，用户可根据自己的喜好选择幻灯片显示的方式，并且可在右侧窗格口中预览幻灯片显示的效果。

接着在"来源"右侧的下拉菜单中选择幻灯片的图片来源；然后再"开始前闲置"右侧的下拉菜单中选择幻灯片出现前电脑闲置的时间。

（2）屏幕保护程序

在"屏幕保护程序"标签的左窗格中，其下半部分为"屏幕保护程序"，用户可根据自己的喜欢选择屏幕保护程序的样式。

如这里选择"iTunes 插图"，即可将 iTunes 中音乐专辑的封面作为屏幕保护。接着单击右侧窗格中的"屏幕保护程序选项"按钮，在弹出的对话框中设置颜色、流、浓度、速度等参数，单击"好"按钮，然后再调整屏幕保护程序出现前电脑的闲置时间。

秘技一点通 60——找到 Mac 的"隐藏"壁纸

在 Dock 工具栏中的 Finder 图标 上按住鼠标左键，在出现的菜单中选择"前往文件夹"命令，此时将弹出一个"前往文件夹"对话框，在对话框中输入"/Library/Screen Savers/Default Collections/"输入完成后单击"前往"按钮，在出现的窗口中包含了 4 个文件夹，这些文件夹中就是 OS X 系统自带的壁纸图像。

秘技一点通 61

找到 Mac 的"隐藏"壁纸后，在这个壁纸文件夹中的所有壁纸大小都是 3200×2000 的，所以可以放在更大的显示屏幕上也不会失真。选中当前图像文件在其图标上右击鼠标，从弹出的快捷菜单中选择"显示简介"命令，在"显示简介"面板中的"更多信息"下方可以看到图像的尺寸、颜色模式等信息。

▼ 更多信息：
尺寸：3200 × 2000
颜色空间：RGB
颜色描述文件：sRGB IEC61966-2.1
Alpha 通道：否

5.4.3　给屏幕保护程序添加音乐

在 Mac 中有一项十分吸引人的功能，就是可以在屏幕保护程序中添加 iTunes 中的音乐，并且它的设置方法十分简单。

单击 Dock 工具栏中的"系统偏好设置"图标，在出现的面板中单击"桌面与屏幕保护程序"图标，此时将弹出"桌面与屏幕保护程序"设置面板，单击"屏幕保护程序"标签。

在"屏幕保护程序"标签选项中的左侧窗格中选择"iTunes 插图"，然后在右侧上方的预览视图中单击"预览"，此时将进入屏幕保护程序中的预览状态，将光标移至专辑的封面上将出现一个播放按钮，单击此按钮即可开始播放音乐。

秘技一点通 62

不管 iTunes 是否已经运行，只要单击屏幕保护程序中专辑上的播放按钮即可播放音乐，假如 iTunes 已经在运行且正在播放音乐，这时单击屏幕保护程序中指定专辑上的播放按钮即可播放当前专辑图中的音乐。

秘技一点通 63——在"桌面"设置面板中放大预览图像

单击 Dock 工具栏中的"系统偏好设置"图标，在出现的面板中单击"桌面与保护程序"图标，此时将弹出"桌面与保护程序"设置面板。

在"桌面与保护程序"设置面板中可以看到桌面背景的预览窗口，在窗口中选择任意一幅缩览图像，在触摸板上双指向外侧滑动即可将当前缩览图像放大，这样更加方便观察自己所喜欢的桌面背景图像。

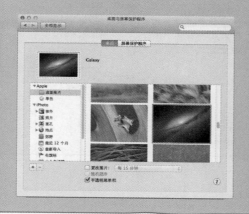

5.4.4　显示器设置

1. 设置屏幕分辨率和亮度

不论是 OS X 系统还是 Windows 系统，一般都会自动调整分辨率为最适合当前屏幕大小的分辨率，如果分辨率不符合自己的视觉习惯，则可以手动调整。另外，每个用户对屏幕亮度的视觉感应都有所不同，因此，也可根据自己的视觉习惯手动调整为合适的亮度。

首先单击 Dock 工具栏中的"系统偏好设置"图标，打开"系统偏好设置"窗口，再单击"显示器"图标。

然后在打开的设置窗口中，先选择"显示器"标签，再点选"缩放"选项，在展开的列表框中选择一种合适当前显示器大小的分辨率。而拖动"亮度"滑块则可调整屏幕的亮度。

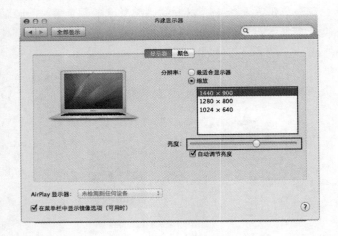

2. 设置对比度

默认情况下，Mac 采用的是正常的对比度，一般不需要设置。但为了满足不同视觉用户的使用要求，也可以对其对比度进行设置。

单击 Dock 工具栏中的"系统偏好设置"图标 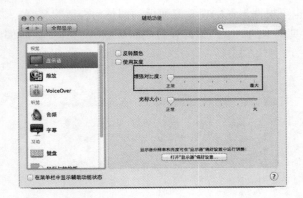，打开"系统偏好设置"窗口，再单击"辅助功能"图标，打开"辅助功能"偏好设置窗口。接着在左侧的列表中选择"显示器"选项，然后再拖动"增强对比度"滑块进行设置即可。

5.4.5 调整鼠标光标大小

如果用户觉得 OS X 系统默认的鼠标光标太小，则可通过调整以使其适合我们视觉的感观。

单击 Dock 工具栏中的"系统偏好设置"图标 ，打开"系统偏好设置"窗口，然后再单击"辅助功能"图标。

在打开的"辅助功能"窗口中，拖动"光标大小"右侧的滑块，即可根据需要放大光标。

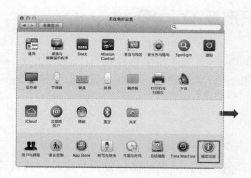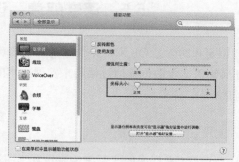

秘技一点通64——更改图标位置

在桌面右上角的系统菜单栏中将光标移至任意一个图标上，按住 ⌘ 键单击的同时按住鼠标左键向左侧或者右侧移动始可更改其位置，比如 🔊 图标。

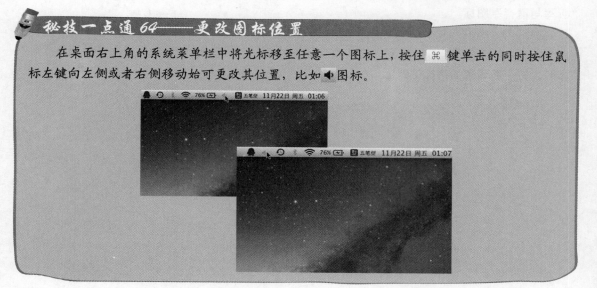

5.4.6 调整键盘背光

有些用户在某些时候会遇到无法调节键盘背光的情况，以 MacBook Air 为例当按下键盘上的 F5 或者 F6 键的时候屏幕提示当前调节被禁用了，这是因为 Mac 在摄像头左侧内置了一个光线感应器，有时候因为环境原因，这个光线感应器可能"误认为"用户的光线已经达到一定的条件，所以就不再控制背光调节，当遇到这种情况时，可以用手指遮住摄像头左侧的光线感兴器（很多细小的小孔），这时再调节键盘背光亮度即可。

5.5 语音朗读、识别及 VoiceOver

语音识别和朗读是 OS X 中一个非常实用的功能，只需要在系统偏好设置中将其开启，就可以实现在任何输入文本的位置通过语音来实现文本的输入，以及朗读已存在的文本，包括通过声音来控制系统的操作

5.5.1 听写

单击 Dock 工具栏中的"系统偏好设置"图标 ，打开"系统偏好设置"窗口，然后再单击"听写与语音"图标。

在打开的"听写与语音"偏好设置窗口中，切换到"听写"标签中，确认已选中"听写"右侧的"打开"单选按钮，再选择下方的"语言"，最后设置"快捷键"，完成后当需要使用语音输入文本时，按下所设置的快捷键即可。

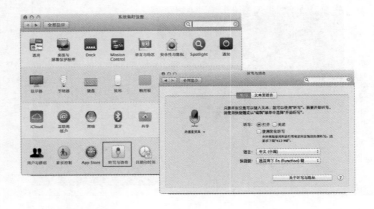

下面以"备忘录"为例，来使用此项功能完成一段文本的输入，首先单击 Dock 工具栏中的 图标打开备忘录，选择程序菜单栏中的"编辑"｜"开始听写"命令，此时将出现一个"Sari 图标"或者按下之前所设置的快捷键即可开始文本输入，语音输入完毕后，单击 Sari 图标上的"完成"，即可完成语音至文本的转换。

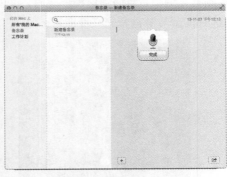

在"听写"标签中，勾选"使用优化听写"复选框后，可以允许在离线的情况下，使用和进行带有实时反馈的连续听写，但前提是需要下载一个离线数据文件。

5.5.2 朗读

在打开的"听写与语音"偏好设置窗口中，切换到"文本至语音"标签中，在这里可以设置朗读的系统噪音、朗读速率，包括设置提醒选项，及更改按键，完成这些设置后，可以在任何文本中右击鼠标，从弹出的快捷菜单中依次选择"语音"|"开始朗读"命令。

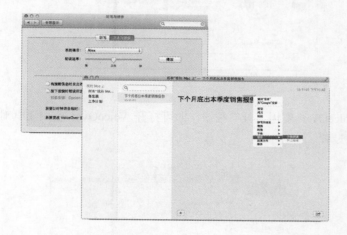

5.5.3 VoiceOver

VoiceOver 是苹果公司推出的一款针对视力受损或者有学习障碍的用户进行语音控制系统的软件，它可以读出网页、E-mail 和文本内容，并且描述系统的工作情况，使用户仅靠听觉即可掌握 OS X 系统。

单击 Dock 工具栏的"系统偏好设置"图标，打开"系统偏好设置"窗口，然后再单击"辅助功能"图标。

在弹出的窗口的左侧窗格中选择 VoiceOver，然后在右侧窗格中勾选"启用 VoiceOver"复选框，此时，将弹出一个"欢迎使用 VoiceOver"对话框，同时伴随系统所播放的使用提示。

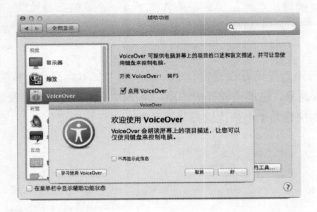

单击"打开 VoiceOver 实用工具"按钮，即可打开 VoiceOver 实用工具对话框，此时可以对 VoiceOver 进行相关设置。

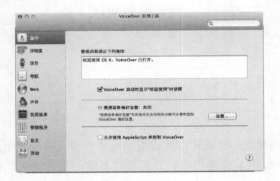

5.5.4 在 Mac 中添加 Siri 语音效果

使用过 iPhone 的用户大概都知道从 iPhone 4S 开始，苹果公司新开发出一种叫做 Siri 的语音指令功能，通过它可以进行人机对话，可能一部分用户对 Siri 内置的语音声音特别有印象，其实在 Mac 中同样可以聆听 Siri 的语音效果。

单击 Dock 工具栏中的"系统偏好设置"图标，在出现的面板中单击"听写与语音"图标，此时将弹出"听写与语音"设置面板。

在"听写与语音"设置面板中，单击"系统嗓音"后面的列表，在列表中选择"自定"。

然后在弹出的对话框中的列表中选择 Samantha 选项，选中后单击"好"按钮，此时系统将下载语音包，这样 Mac 就可以以选中的嗓音类型来播放语音了。

5.5.5　启用输入法

要使用输入源，首先就要启用输入源。打开"系统偏好设置"|"语言与地区"|"键盘"偏好设置窗口，切换到"输入源"标签，然后再选择需要的输入源。

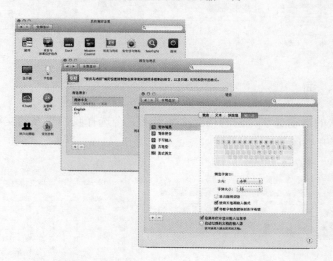

秘技一点通 66

Mac 中的输入法，无论是系统自带的，还是安装的第三方输入法，都必须要先启用，才能使用。

5.5.6 切换中英文输入法

在 OS X 系统中，默认的输入法是英文输入。如果要输入中文，则必须先切换为中文输入，此时，单击系统菜单栏中的 ▦ 图标，在弹出的菜单中再选择输入法。

5.6 输入法的使用

OS X 系统中自带的中文输入法与传统的输入法相比也有了很大的改进，从而大大提高了用户输入文字的效率。

5.6.1 输入中文

在拼音输入模式下，当我们输入的输入码对应多个相关的中文字符时，就会出现候选列表。候选列表将列出与输入码对应的所有文字符，我们可以选取需要的一个或多个字符。

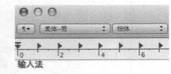

5.6.2 手动选字、词

有时拼音输入法的自动选字、词的功能，并不能完全选择我们想要的文字，此时就需要进行手动选字。如输入"开心词典"。

5.6.3　输入英文和数字

在中文输入法中，如果需要输入英文字母，此时，不需要来回切换输入法，只要按下 caps lock 键即可在中文输入法模式下输入英文字母和数字了。要再次输入中文时，只要再按一次 caps lock 键即可。

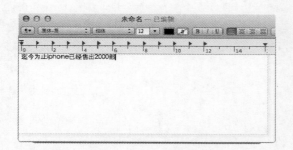

5.6.4　输入特殊字符

在输入文本时，常常需要输入一些特殊的标点符号，如各种箭头、数学公式符号、货币符号、表情符号等，这些符号一般无法通过键盘直接输入。不过不用担心，OS X 系统为我们集成了大量的常见符号，以供我们在需要时可直接调用。

单击系统菜单栏上的输入法图标，在弹出的下拉菜单中选择"显示字符显示程序"选项，打开"字符"窗口后，在左侧列表中选择要输入的符号类型，然后在右侧的窗格中把对应的符号拖动到"文本编辑"程序窗口要输入符号的位置即可。

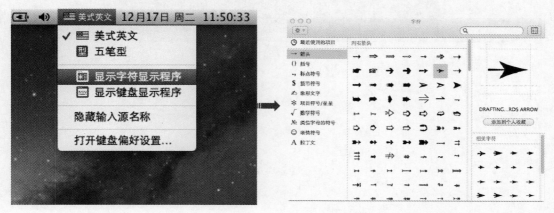

秘技一点通 68——输入特殊字符

在默认的英文输入法状态下，按住 option 键的同时再按键盘上的任意一个键将出现特殊字符，利用这个小功能用户可以在自己所编辑的文本文档中做出标记。

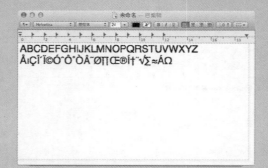

秘技一点通 69——快速切换输入法

在任何情况下，按住 option 键的同时再按空格键都可以快速选择不同的输入法。

第 6 章　Mavericks 内置网络应用

在最新一代操作系统中，苹果公司依然为用户内置了不少的网络应用，这其中包括添加了全新功能的 Safari 网页浏览器、即时通信软件——信息、工作生活好帮手——邮件以及最为经典的 Face Time，通过本章的学习可以轻松掌握这些内置的网络应用。

6.1　Safari 网页浏览器

Mac OS X Mavericks 搭配 Safari 上网，具有超快的解析速度且支持 GPU 硬件加速显示技术，功能完全不输于 Chrome、Opera、Firefox 等第三方浏览器。而除了基本的浏览功能以外，Safari 还集成了 RSS 阅读器、互联网剪报等实用的小功能，以协助用户更方便地获取最新的网页信息。

6.1.1　如何使用 Safari 浏览器

Safari 是 OS X 上默认的浏览器，最大的特色就是执行速度快，操作界面干净利落。通过 Safari 可以浏览网站、下载图片与文件等。而它特有的 Cover Flow 式预览、多点触手势控制、与 OS X 系统紧密整合的内置 RSS 阅读器给用户提供无以伦比的便捷。

1. 认识 Safari 界面

Safari 是苹果公司自己设计的浏览器，继承了苹果软件精神中的简单、易用的风格。Safari 使用起来非常直观，只要了解一些按钮的功能就能很快上手。

单击 Dock 工具栏中的 Safari 图标 ，系统会自动打开 Safari 的默认首页 Apple 网站。

2. 浏览网站

在地址栏中输入想要浏览的网站的网址，然后再按下 return 键，即可打开想要浏览的网站。

秘技一点通 70

如果是想更改地址栏中的网址，则可通过单击网址左侧的图标，即可快速选中整个网址。或者在地址栏中连续单击 3 次，也可快速将网址选中。

秘技一点通 71——让 Safari 重启时打开上次未关闭的窗口

如果因为程序无反应或者其他原因导致 Safari 关闭，当重新启动程序后，它将自动打开未关闭程序前的窗口，如果遇到它不自动打开，可以利用以后方法来解决。

在 Safari 启动的情况下，选择菜单栏中的"历史记录"|"重新打开上次连线时段的所有窗口"命令即可，这样之前所有打开过的窗口将自动弹出。

6.1.2　Top Sites 预览网页

Top Sites 是 Safari 贴心设计的默认页面，在电脑的使用过程中，它会根据访问网页的频率，记录经常使用的网站，让用户更方便地打开经常浏览的网页。

如果要改变 Top Sites 显示的网站，将光标移至当前网页预览图的左上角稍作停留，再单击左上角的删除⌧、锁定⬇，锁定的网页就会永久地保留在这个位置。

6.1.3 搜索网站与网页内容

如果想在网络中找出自己感兴趣的网页来看，或者是要查找资料，都必须用到搜索技巧，本节就将介绍网站与网页内容的搜索技巧。

1. Safari 的网站搜索功能

Safari 默认会以 Google 搜索引擎来搜索网站，你只要在地址栏中输入想要查询的条件，就可以快速找到所需要的信息。

在此输入要搜索的关键词,按 return 键即可

单击链接,即可打开网页浏览

2. 搜索网页内容

当我们打开网页浏览内容时,如果要想从中找到特定的内容,或者想了解某个关键词的确切位置,则可以利用 Safari 的"行内搜索"功能。执行 Safari 应用程序菜单中的"编辑"|"查找"|"查找"命令,在页面中打开搜索栏。

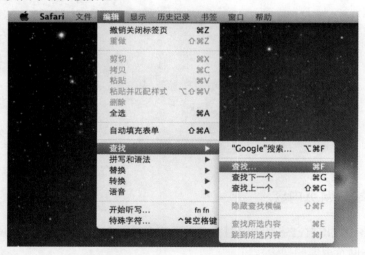

在打开的搜索栏中输入想要查找的关键词,此时,整个网页除关键词以外的内容将会变暗,而关键词则会以黄色和白色的标签形式来显示。

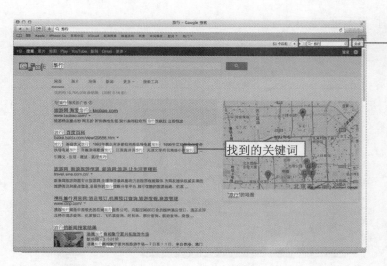

单击此按钮，即可恢复为正常的浏览模式

找到的关键词

使用 Safari 浏览网页的过程中双指在触摸板上双击两次则当前光标所在的区域将会放大，再次双击会变回原来大小。

6.1.4　存储图片与下载文件

当我们在浏览网站时，经常会看到网页中漂亮的图片，此时我们可以直接把它存储起来。另外，还有一些供用户下载的文件或软件等，都可以使用 Safari 将其下载或存储到你的 Mac 中。

1. 存储图片

要想将网页中的图片存储起来，其操作非常简单，只要将图片以拖动的方式拖动到桌面或其他文件夹即可。

paojiao_db518 0be.jpg

2. 下载图片

用户还可以在想要下载的图片上单击右键，打开快捷菜单，执行"存储图像为"命令，然后再选择要存储的位置即可。

6.1.5　使用书签收集网站

每个网站的网址都是长长的一大串字符，即使你的记忆力再好，也无法将所有网址都记住。为了方便再次访问，我们可以使用"书签"功能，将这些网站收藏起来，以便日后再次访问时，可快速连接。

Safari 可以将你喜爱的网页地址添加到"书签栏"或"书签菜单"中。如果是添加到"书签栏"的网站链接，则直接单击就可以打开网页。在看到想要收藏的页面时，单击"共享"|"添加书签"选项，在弹出的对话框中默认会将页面添加到"书签栏"中，单击"添加"按钮即可。

单击"添加"按钮后，即可在书签栏中看到该刚添加的书签。而直接单击该书签，即可打开

该网页。

如果是将网页添加到"书签菜单"的链接，则单击"共享"|"添加书签"选项，在弹出对话框中选择"书签菜单"选项，再单击"添加"按钮即可。

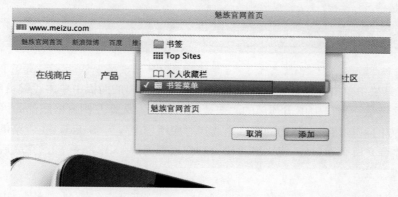

6.1.6　将网页图片作为桌面背景

在 Safari 中浏览网页时，如果看到一张自己十分喜爱的图片，则可将其作为桌面背景，以供自己欣赏。其操作方法是，在该图片上单击鼠标右键，从弹出的快捷菜单中选择"将图像用作桌面图片"选项即可。

6.1.7　将 Safari 窗口转换成标签页

有时候在浏览网页的时候，不知不觉已经打开了很多窗口，来回切换显得很乱且麻烦，在这种情况下有一种方法可以将窗口合并成标签页。

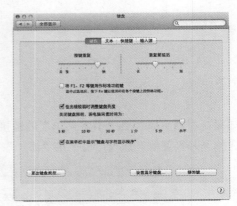

在 Dock 工具栏中单击"系统偏好设置"图标，在弹出的面板中单击"键盘"图标。

在出现的"键盘"窗口中单击顶部的"快捷键"标签，选择左侧窗格底部的"应用程序快捷键"，再单击下方的 + 按钮，在弹出的窗口中选择"应用程序"为 Safari，在"菜单标题"后方的文本框中输入"合并所有窗口"，将"键盘快捷键"设置为 control + ⌘ + W ，完成后单击"添加"按钮。

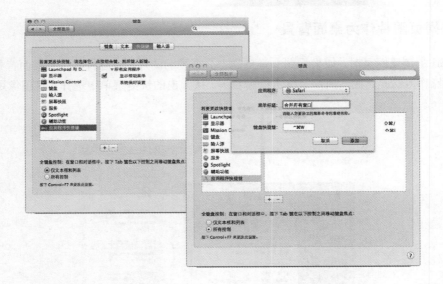

此时在桌面中按下 control + ⌘ + W 组合键即可将所有已打开的 Safari 窗口合并为一个窗口。

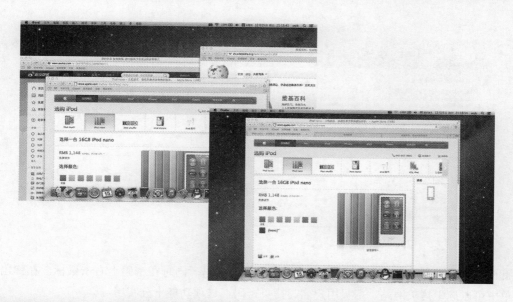

秘技一点通 73

当设定的快捷键无效果时，首先需要检查是否与其他热键有冲突，另一方面也要确认输入的标题是否正确。

6.1.8　在 Safari 中查看登录密码

在 Safari 中可以帮助用户记住登录密码，这样就方便用户在每次登录的时候不用再频繁地输入密码了。而且如果用户忘了自己的密码，也可以在 Safari 中查找到。

当启动 Safari 之后，选择菜单栏中的 Safari｜"偏好设置"命令，此时将弹出偏好设置面板。

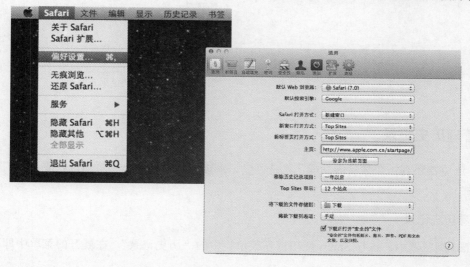

在 Safari 偏好设置窗口中单击顶部的"密码"标签，在窗口左下角勾选"显示所选网站的密码"复选框，将弹出一个对话框提示用户输入密码，输入完成后单击"好"按钮即可。

此时单击密码列表框中的密码位置即可显示当前密码，同时在密码上右击鼠标，在弹出的快捷菜单中可以选中拷贝网站、拷贝用户名、拷贝密码，这项功能十分实用。

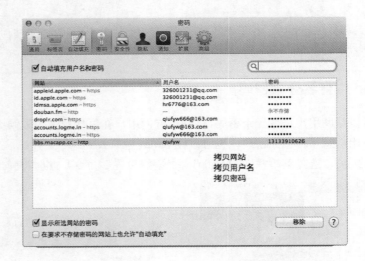

6.1.9　管理历史记录

Safari 浏览器还有一个独特的功能，就是可以记录你访问过的每一个页面，以便于我们日后进行快速访问。

1．查看历史记录

在 Safari 浏览器中，执行 Safari 应用程序菜单栏中的"历史记录"，在展开的菜单中即可查看历史记录。

2. 清除历史记录

- 执行 Safari 应用程序栏中的"历史记录"|"清除历史记录"命令即可。

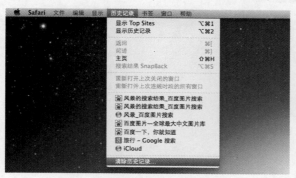

秘技一点通 74——空间实用小便签

在浏览网页或者阅读文本的过程中发现对自己有用的部分文字可以选中这部分文字按 `shift` + `option` + `Y` 键将文字存储至便签中

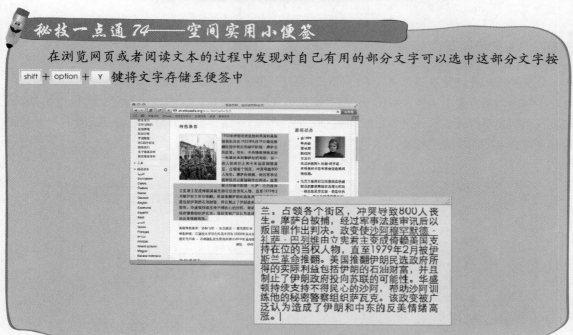

6.2 Safari 其他功能

6.2.1 停用 Safari 中的 Flash 插件

在最新版的 Safari 7 浏览器中新增了一项针对管理网页中 Flash 的屏蔽插件,利用此插件可以将网页中的插件停用并且节省电量。

单击 Dock 工具栏中的❺图标,启动 Safari 浏览器,当启动之后,选择菜单栏中的 Safari|"偏好设置"命令,在弹出的窗口中单击顶部的"高级"标签,在下方勾选"停用插件以省电"复选框,即可禁用网页中的 Flash,同时在线视频、网页游戏、人机交互都无法观看或者使用。

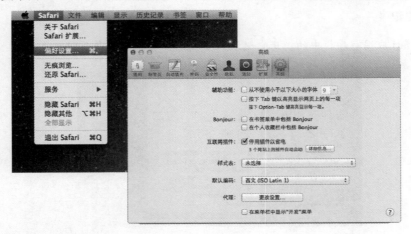

6.2.2 快速切换页面标签

在使用 Safari 浏览器浏览网页时,有时候会打开多个网页窗口,此时按 control + tab 组合键可快速在不同的浏览页面中切换,并且这个组合键是循环性的,每按一次都将自动切换至下一个,循环往复直至切换至打开的第一个页面,同时按住 command + shift 组合键的同时再按向左或者向右方向键同样可以在不同的标签页切换。

6.2.3　Safari 中的分享按钮

Safari 为用户提供了分享功能，单击地址栏左侧  按钮，可以在弹出的菜单中选择不同的分享方式。

6.2.4　通知

当用户访问某个带有通知、提醒事项的网页时，如新浪微博，会弹出诸如"@"、"私信"诸如此类的标签，这时 Safari 会自动探测到这种功能并提示用户是否将此通知加入网页通知中，而此项设置是可以更改的，当 Safari 启动以后，选择菜单栏中的 Safari｜"偏好设置"命令，在出现的窗口上方单击"通知"标签，在下方的列表框中可以更改每个网页的提醒是"允许"还是"拒绝"。

单击右下角的"通知偏好设置"按钮，可以打开关于通知中的提示样式，及显示的位置，播放声音及信息。

6.2.5　密码

　　Safari 集成了网站登录过程中的密码管理功能，当用户登录网站时，Safari 会提示用户是否存储此密码，当 Safari 启动以后，选择菜单栏中的 Safari | "偏好设置"命令，在出现的窗口上方单击"密码"标签，在下方的设置窗口中勾选"自动填充用户名和密码"复选框，当这样登录到需要使用密码的网站时，系统会记住用户所使用的用户名和密码，在下次登录网页时就无需再次输入密码了，同时在下方的列表框中显示用户所登录并记住密码的网页记录，单击右下角的"全部移除"命令可以将所有记录移除。

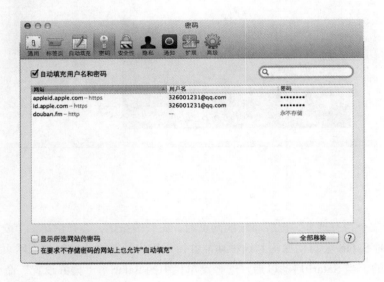

6.2.6　自动填充

　　Safari 集成了网站登录过程中所遇到的文本自动填充功能，当 Safari 启动以后，选择菜单栏中的 Safari | "偏好设置"命令，在出现的窗口上方单击"自动填充"标签，在设置面板中，当用户勾选了每一个允许自动填充 Web 表单的项目后，再单击"编辑"按钮，可以针对当前设置项目的自动填充表单进行设置。

秘技一点通 75——将标签页从 Safari 窗口中分离

　　如果想把 Safari 窗口中的标签页分离出来，使其变成一个个独立的窗口有一个十分简单的方法，将光标移至标签页名称上直接拖至原窗口的外部即可，同时按住鼠标左键不放拖动其标签还可以放回原来的窗口标签位置。

6.2.7　阅读器功能

　　许多网页在排版的时候，由于美观或者宣传的需要，需要在页面中添加很多背景、图片和广告等信息，它们会影响浏览者的注意力，影响阅读体验，而 Safari 自带的阅读器功能可以在一定程度上帮助用户解决这个问题，它可以智能地过滤掉广告以及许多与内容正文无关的部分，并且重新对内容进行排版，让使用者拥有更好的阅读体验。

　　阅读器并不是支持所有的网页，当用户在浏览网页时，如果发现浏览器右侧的阅读器按钮由灰色变为蓝色，则表示此网页支持阅读器方式阅读，此时单击此按钮即可进入阅读器模式。

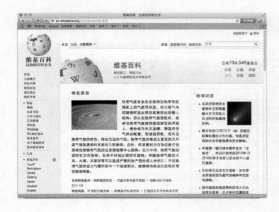 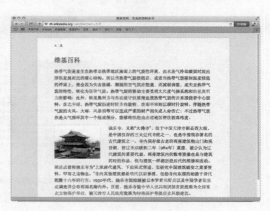

秘技一点通 76——将 Safari 中的小技巧

在使用 Safari 浏览器浏览网页的时候，按下 control + ⌘ + F 组合键可快速将当前网页全屏，再次按下此组合键即可回到之前窗口大小，按下 ⌘ + R 组合键可以重新载入当前页面。

6.2.8　阅读器列表功能

当用户经常需要了解大篇幅的新闻、资讯、股票等信息的时候，这些信息有的需要简单浏览，有的需要长时间阅读并理解，这时候 Safari 为我们提供了一种方便保存网页快照并将其保存起来，以便日后备查。

当打开一个页面时，单击浏览器左上角的 按钮，在弹出的菜单中选择"添加到阅读列表"选项，可以将当前网页添加至阅读列表，方便以后查看。

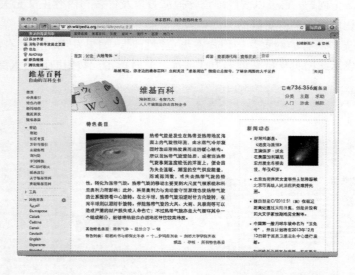

将当前网页添加至阅读列表之后，单击 按钮，在弹出的边栏中单击"阅读列表"，即可打开阅读列表就从而看到被添加的网页。

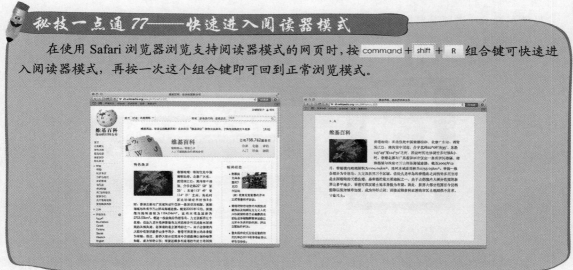

秘技一点通 77——快速进入阅读器模式

在使用 Safari 浏览器浏览支持阅读器模式的网页时，按 command + shift + R 组合键可快速进入阅读器模式，再按一次这个组合键即可回到正常浏览模式。

6.2.9 显示所有标签页视图

当用户在 Safari 中打开很多页面时，仅通过标签页标题是很难快速了解各个页面的内容的，而如今 Mac 为我们提供了一种新的视图显示方式，能让用户快速浏览各种标签页中的内容。即单击 Safari 标签右上角的"显示所有标签页" 按钮，即可让浏览器显示所有的标签页。

6.2.10　隐私

当使用 Safari 浏览某些网页时，如果登录功能显示异常，可以尝试清除网页数据以便重新打开，当 Safari 启动以后，选择菜单栏中的 Safari｜"偏好设置"命令，在出现的窗口上方单击"隐私"标签，单击"移除所有网站数据"按钮，在弹出的面板中单击"现在移除"按钮即可将数据清除。

如果只想删除部分网站数据，可以单击"详细信息"按钮，在列表中选择需要移除的网站数据，单击"移除"按钮即可，同时单击"全部移除"按钮可以将所有数据移除。

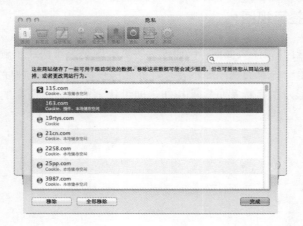

秘技一点通 *78*

如果用户注册了 iCloud，当前所添加的阅读列表是可以实时同步至 iOS 设备中的，这样就可以在 iPhone 或者 iPad 中进行查看了。

6.2.11　快速滚动至下一个页面

在使用 Safari 浏览网页的时候按一次 空格键 即可向下滚动一次，每按一次都会滚动一次直至滚动至当前页面底部，如果按 shift + 空格键 则是向上滚动一次，同样每按一次都会滚动一次直至滚动至当前页面顶部，。

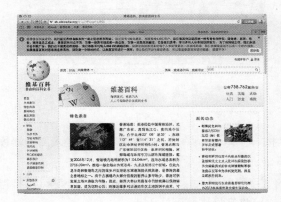 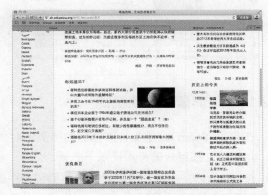

6.2.12　快速选中地址栏中的地址

在使用 Safari 浏览网页的时候按 command + l 组合键可快速选中地址栏中的地址，此时可以直接在地址栏中输入新地址。

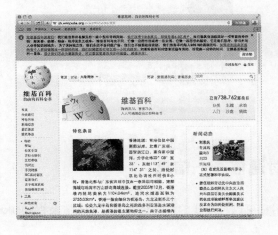 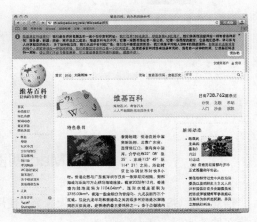

6.2.13　新增标签页

在使用 Safari 浏览网页的时候按 command + T 组合键可创建新标签页，在新标签页的窗口地址栏中输入地址或者单击"Top Sites"直接连接至新页面。

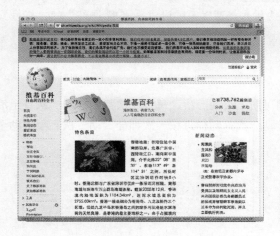 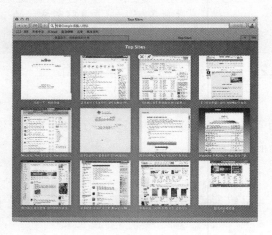

6.2.14 "阅读器"快捷键

在使用 Safari 浏览支持阅读器的网页的时候按 command + shift + R 组合键可直接进入阅读器模式，此时通过按组合键可实现以下效果。

按 command + + 组合键可以将当前阅读器中的文字字号放大，按 command + − 组合键可以将当前阅读器中的文字字号减小，按 command + 0 组合键可将字号恢复默认大小。

 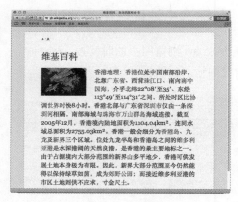

6.3 Mac 即时通信——信息

"信息"是 OS X 系统自带的聊天工具，使用它可以与在线的好友进行文字、表情及视频聊天，还支持文件的实时改善与接收功能。

6.3.1 申请账户

在使用"信息"之前，必须先申请"信息"的账户。单击 Dock 工具栏中的"信息"图标，打开"信息"窗口。

如果用户是第一次启动"信息"程序，则会在程序窗口中弹出"信息"设置对话框，以提示我们使用 Apple ID 来创建账户，这也是"信息"程序默认的账户类型。

秘技一点通 79

　　只有在第一次登录"信息"时，系统才会弹出"信息"设置对话框以供用户设置账户。以后再打开"信息"时，系统会自动登录，而且也不必用户再次输入账户和密码。

　　此外，"信息"还支持 AIM（AOL Instant Messaging）、Yahoo!、Google Talk 以及 Jabber 共 4 种账户，新用户任意注册一种服务即可。

　　单击应用程序菜单中的"信息"|"偏好设置"命令，即可打开"账户"窗口，单击左侧列表下方的 + 按钮进入"账户设置"页面，然后在"账户类型"下拉列表中选择一种账户类型，再输入账户及密码，单击"完成"按钮即可申请一个新的账户。

　　账户申请成功后，即可登录该账户。这里我们就以信息的账户类型来作为模板介绍，其他类型的操作方法与其类似。

秘技一点通 80

　　"信息"还提供了另一个很特别的 Bonjour 聊天功能，Bonjour 会自动搜索局域网里其他使用"信息"的用户，不需要添加好友名单就会显示出来。假如我们是在图书馆或是其他有无线网络的公共区域，通过"信息"的 Bonjour 就可以瞬间和其他 Mac 用户连接上。选择应用程序菜单栏中的"信息"｜"账户"｜Bonjour 命令，即可打开 Bonjour 聊天窗口。

6.3.2　添加好友

与其他聊天软件一样，"信息"同样需要将好友添加至列表才能聊天。不过需要注意的是，用户必须先行通过其他途径获知好友的"信息"账户名称才能将他们添加为好友。

在"收件人"栏位输入想要添加为好友的账户，按 return 键确认。如果该账户名是正确的，则显示为蓝色标签；如果该账户名不正确，则显示为红色标签，此时就需要用户重新输入。

双击好友的账户名称，再选择快捷菜单中的"创建新联系人"命令，接着在弹出的窗口中输入好友的姓名，单击"创建"按钮即可。

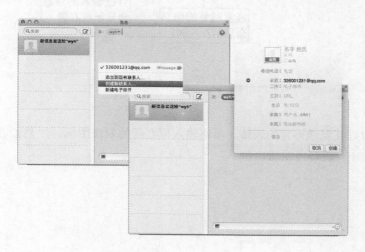

需要注意的是，完成添加完成后，不须等候对方确认，即可将其添加为好友，且在"收件人"字段显示刚输入的好友名称。

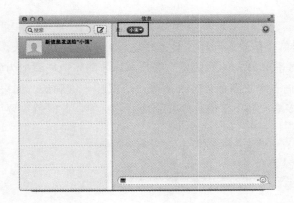

6.3.3　与好友聊天

　　"信息"中的文字聊天操作相当简单，只须在左侧的好友列表中选择想要对话的好友，然后在右侧窗格下方的输入框中输入文字内容，然后再按 return 键即可发送给对方。双方的聊天内容将呈现于聊天对话框内，以供用户查阅。

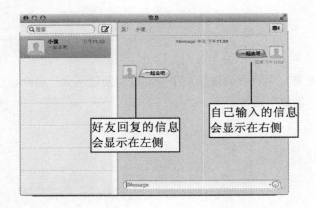

　　我们还可以向好友发送可爱的表情。单击输入框右侧的表情图标☺，然后在弹出的表情列表中选择表情，再按 return 键即可发送。

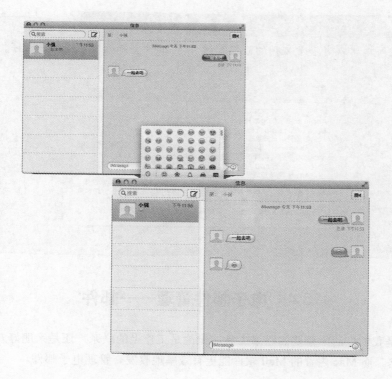

6.3.4 创建新信息

如果我们新认识了一个朋友，需要在"信息"中与其聊天，则单击搜索框右侧的"编写新信息"按钮，接着在右侧窗格的"收件人"字段中输入这个朋友的账户名称，然后再输入文字信息即可。

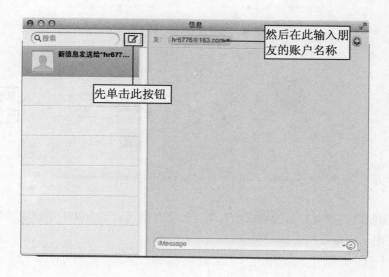

秘技一点通 81——快速选中区域文字

在进行文字编辑或者查看文档的时候按住 option 键可直接选中区域内的文字。

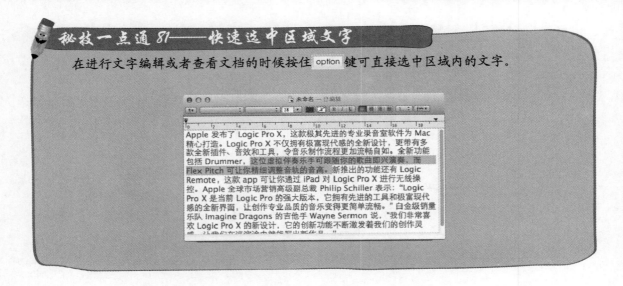

6.4　电子邮件管理——邮件

电子邮件是我们生活中重要的联络工具，无论是工作上的联系，还是亲朋好友之间的往来，几乎都会用到它。而 Mac 内置的 Mail 软件能更有效率地收发、管理电子邮件。

6.4.1　创建账户

在使用 E-mail 之前，必须先申请一组 E-mail 账户。如今各大知名网站如 Google、网易等都提供免费电子邮箱服务，我们可以向这些网站申请。这里以 163 邮箱为例。

单击此按钮，申请个人邮箱

申请 163 邮箱时，照着界面的指示输入需要的资料就可以了。其中申请成功的"用户名"就是你未来的 163 电子邮箱账户。

申请好邮箱后，你会拥有一份电子邮件账户资料，包含 E-mail 账户（xxx@gmail.com）、密码、收件服务器和发件服务器的网址等。

6.4.2　设置账户

单击 Dock 工具栏中的"邮件"图标，即可启动"邮件"程序。然后选择刚才所创建的邮箱账户之后在各字段中输入相应的信息（刚刚申请成功的 E-mail 账户与登录密码），再单击"设置"按钮。

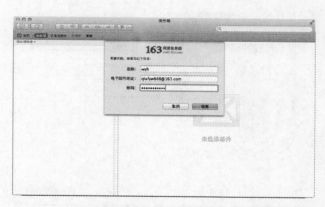

"邮件"会智能探测该邮箱域名可用的收发邮件服务器，并尝试自动完成随后的设置。一般情况下，我们只需要确认一下就可以了。

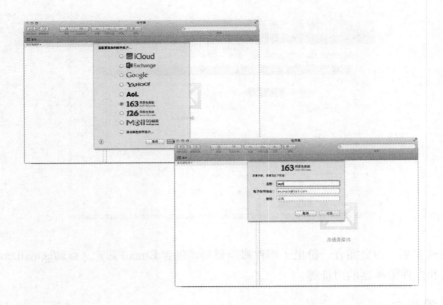

如果 E-mail 账户无法自动设置，此时就需要手动填入服务器相关的信息，再单击"继续"按钮。

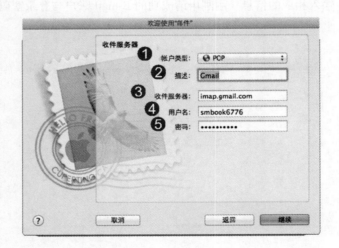

❶账户类型：选择 E-mail 的类型，大部分的 E-mail 都选择 POP，少数选择 IMAP，其他的如公司内部 Microsoft Exchange Server 的 E-mail，则选 Exchange。

❷描述：设置一个方便管理的服务器名称。

❸收件服务器：填上 POP 收件服务器地址，例如"mail.example.com"，这个地址必须向 E-mail 服务商索取，或者查询服务商提供的设置信息得知。

❹用户名：填上 E-mail 账户"@"符号前面的字符串，例如 E-mail 为"abc@gmail.com"则填上"abc"。

❺密码：填上这组 E-mail 账户的密码。

在"接收邮件安全性"对话框中，可以选择收取 E-mail 时采用加密技术，勾选后再选择"密码"选项，系统会以 E-mail 账户的登录密码进行认证。

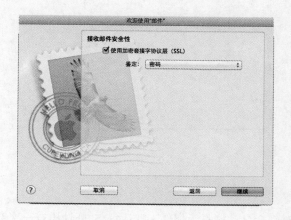

接着在"发件服务器"对话框中，输入负责发送 E-mail 的服务器。

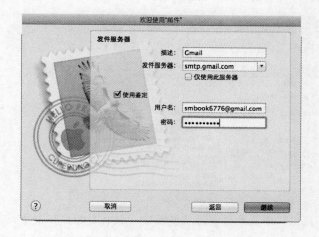

设置完成后，系统会列出账户信息供你确认。

6.4.3 接收设置

每次启动"邮件"时都会自动接收新邮件，默认每 5 分钟检查一次新邮件。如果用户想将其设置为手动接收邮件，有以下几种方法。

● 单击工具栏上的"接收新邮件"按钮即可。

● 执行"邮件"应用程序菜单栏中的"邮箱"|"接收新邮件"命令。

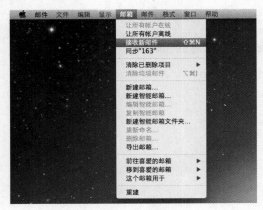

- 在 Dock 工具栏中的 "邮件" 图标上单击鼠标右键，然后再从弹出的快捷菜单中选择 "接收新邮件" 命令。

6.4.4　邮箱操作

启动 "信息"，桌面会自动显示 "邮件" 程序的主界面。主界面使用全新的三行、三栏式设计，为宽屏作了明显优化。用户可以方便地在不同邮箱、邮件和内容之间切换，用户还可以将自己认为重要的邮件，加上书签以便快速取阅。

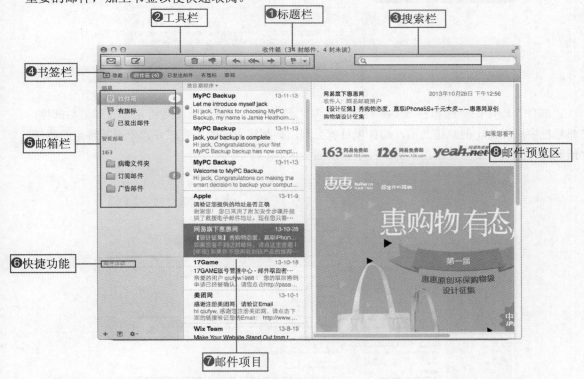

①标题栏：显示当前所选邮箱的概要信息。

②工具栏：提供常用的工具按钮，以完成写信、收信、回复、转发等邮件操作。

③搜索栏：输入关键字后，可搜索包含此关键字的邮件。

④书签栏：显示邮件书签，以方便快速取阅。

❺邮箱栏：显示当前邮箱内的文件夹结构及邮件基础信息。

❻快捷功能：通过该区域的按钮，可以新建邮箱并对邮箱的属性进行设置。

❼邮件项目：罗列当前文件夹的邮件标题及简要信息。

❽邮件预览区：显示当前选中邮件的详细内容。

"工具栏"用来放置常用的邮件管理功能，如果要调整工具栏中的项目，可以通过"邮件"应用程序栏上的"显示"|"自定工具栏"命令，利用拖放的方式新建或移除工具栏的项目。

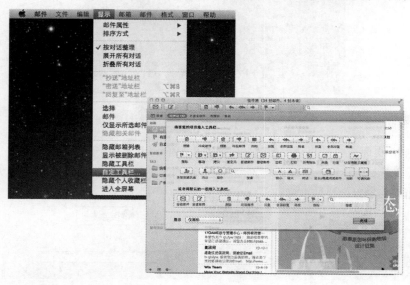

"邮件"程序的"邮箱栏"、"邮件项目"与"预览邮件区域"三者是用来管理邮箱与邮件，在邮箱栏中选择特定的邮箱之后，邮件项目就会列出该邮箱里面的所有邮件，单击某特定的邮件，"预览邮件区域"就会显示出这封邮件里面的图文内容。

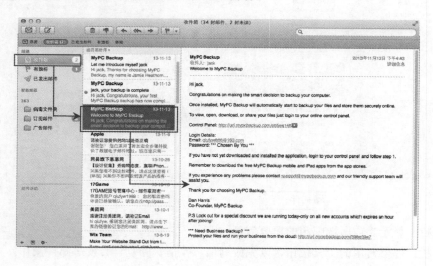

接收的邮件默认情况下，会显示两行内容以供预览，如果想要增加预览内容，可在"邮件"

应用程序菜单栏中的"偏好设置"的"查看"项目中进行设置。除了可以设置行数外，也可以设置在打开的页面中显示其他邮件的数据。

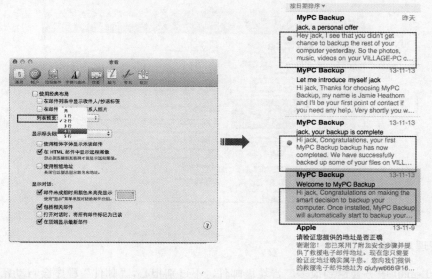

"提醒"就是"有旗标"，可以用来做简单的笔记，单击工具栏上的"有旗标"按钮，就可以新建一则提醒。添加了提醒之后，这则信息会以 E-mail 的形式发送到自己的邮箱里，作为提醒。可以单击快速分类上的"有旗标"，邮件项目就会只列出提醒的部分。

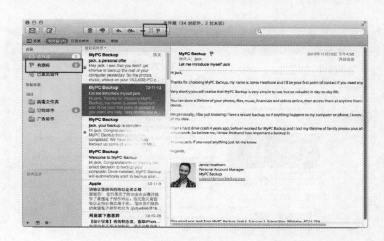

6.4.5　邮件管理

"邮件"程序默认以对话方式显示邮件。该功能会将有关某一主题讨论的邮件，整理为一个对话组，然后自动隐藏回复邮件中相同的内容，只显示每封邮件的新内容。

1. 收取邮件

在收取邮件时，有时会一次收取多封邮件，"邮件"程序会贴心地把所有往来相关的邮件整理成一个项目，并在"邮箱栏"中的邮件预览窗口右侧标记数字，数字代表有多少封未读的邮件，而在"邮件项目"列表中会以蓝色的小圆作为标记。

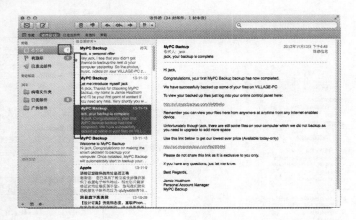

2. 管理垃圾邮件

有时 E-mail 服务会遇到很多广告垃圾邮件，不过别担心，"邮件"程序会自动帮我们筛选，刚开始"邮件"程序会有一段学习期，这时候它认定的垃圾邮件会保留在邮箱里显示成黄色并在发件人右侧显示废纸篓图标。如果"邮件"程序不小心把一般邮件误判为是垃圾邮件，则可单击邮件标题旁的"非垃圾"按钮即可。

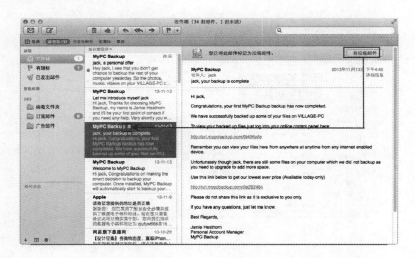

6.4.6 发信、回信及添加附件

"邮件"程序的外寄邮件功能跟大多数邮件客户端程序基本相同。

1. 编写新邮件

在"邮件"程序上如果要发邮件，则先在"邮箱栏"中选择要用来发邮件的 E-mail 邮箱，接着单击"编写新邮件"按钮 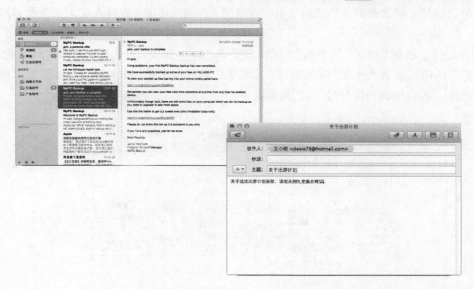，即可创建一封空白邮件。分别在收件人、主题、正文字段填写邮件相关内容，然后将信写好，再单击左上方的"发送邮件"按钮 ，即可将邮件发送出去。

秘技一点通 *82*

如果觉得邮件不够漂亮，可以单击 按钮，展开信纸模板，套用合适主题的信纸。

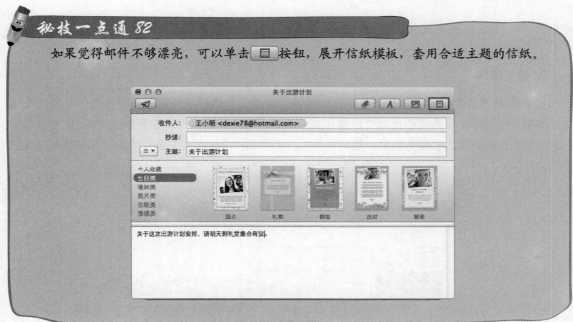

2. 抄送及密送

　　许多邮件除了需要送给寄件人外，还需要给直属上司或留存备份等。虽然电子邮件允许将多个邮件地址列为收件人，将邮件同时寄送到多个地址。但这样处理有一个缺点，寄件人过了一段时间，不容易分清哪一个才是真正需要处理的邮件。因此可以将需要过目、留存备份等需要的收件地址设为"抄送"。

如果同时要把邮件寄给很多人，但是又不想让大家都看到所有收件人的名单，就可以利用"密送"功能。密送的功能与抄送近似。唯一不同在于，使用"抄送"功能，每一位收件人均可看到抄送列表，可以清楚了解这封邮件抄送给了谁。而使用"密送"功能，收件人就无法查看到抄送列表了。

要想在邮件上添加"抄送"、"密送"字段，需要单击 ≡▾ 按钮，再选择"'抄送'地址栏"、"'密送'地址栏"选项，显示"抄送"和"密送"字段后，输入电子邮件地址即可。如需要添加多个抄密、密送地址，各地址间使用分号"；"相隔即可。

3. 转发邮件

如果想把"邮件"程序里面已经有的邮件转发给朋友，可以先选取邮件再单击"转发所选邮件"按钮 →，即可将当前所选邮件内容作为新邮件内容，并将原邮件主题加上 Fwd 作为新邮件主题。用户只需要填上收件人信息，然后再单击左上方的"发送邮件"按钮 ◁，即可将邮件发送出去。

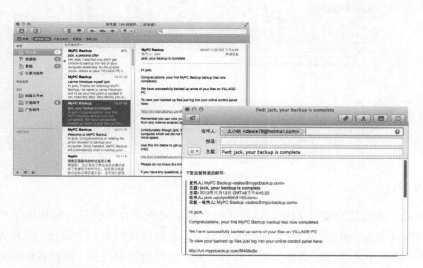

4. 回复邮件

如果要回复别人发来的邮件，单击"回复至给所选邮件的发件人"按钮 ，"邮件"程序将会自动新建一个邮件，此邮件具有以下特点：

- 将当前所选邮件的主题，加上前缀 Re 作为默认主题，方便对方了解这是一个回复某主题的邮件。
- 将原寄件方，设置为收件人，免去手动设置收件人的工作。
- 将当前所选邮件的正文附在此邮件的末端，免去手动复制原邮件内容的工作。

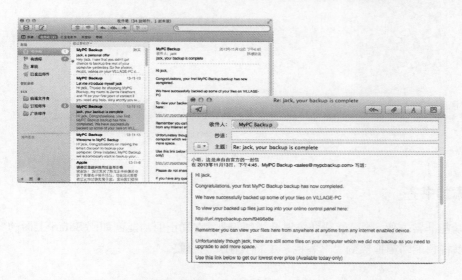

秘技一点通 83

单击 按钮，可回复给所选邮件的所有收信人。"回复给所选邮件的所有收信人"与"回复至所选邮件的发件人"的差异在于，"回复至所选邮件的发件人"功能仅将邮件回复给寄件人，而"回复给所选邮件的所有收信人"功能，除了将回复给寄件人，还回复给所有抄送人。也就是说，"回复给所选邮件的所有收信人"功能可以让所有收到此邮件的用户，都收到你的回复信息。

6.4.7　搜索邮件

"邮件"程序的搜索功能十分强大，当你在搜索框中输入内容时，"邮件"就会自动猜测你的意思，然后再进行搜索并显示出结果。如当你在搜索框中输入今天时，"邮件"就会知道你是想要查找今天的邮件等。

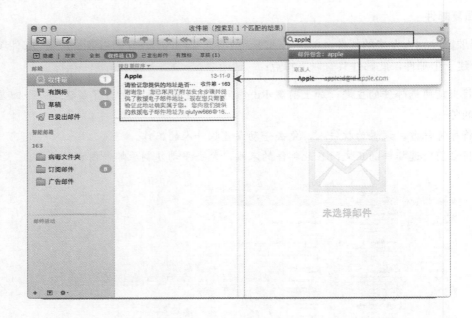

6.4.8 添加书签

书签功能非常方便，除了能帮助快速分类邮箱外，它真正的功能就如同 Safari 上面的"书签栏"一样，可以将智能邮箱拖放到"书签栏"中将其制作为书签。

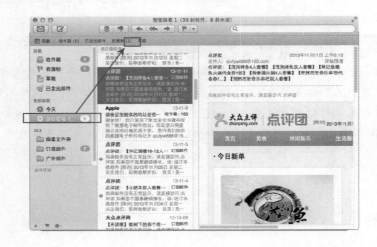

6.4.9 过滤邮件

网络上充斥着各式各样的垃圾邮件，尽管邮件服务器商已经花了无数精力去整治垃圾邮件，但是垃圾邮件还是像灰尘一样，在不知不觉间漂进了我们的邮箱。如果不做好防范措施，会给用户的管理邮件工作造成极大的困扰。对此，"邮件"程序的垃圾邮件过筛功能，将为我们筑起另一道垃圾邮件的防线。

在"邮件"程序菜单中,执行"偏好设置"命令,在打开的窗口中,单击"垃圾邮件"图标。

首先建议修改系统默认的垃圾邮件过滤设置,将免除垃圾邮件过滤的第一、第三个项目选中,以避免地址簿内重要用户的通信以及知道你名字的其他陌生人的邮件被过滤掉。除此之外,最好选取【在应用我的规则前过滤垃圾邮件】复选项,以避免垃圾邮件混进智能邮箱。

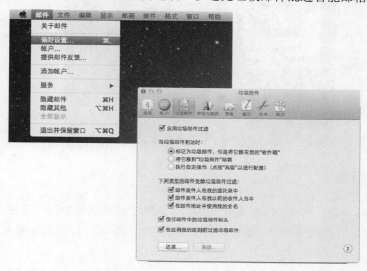

6.5　尽情享受视频通话——FaceTime

FaceTime 与 Windows 系统中的 Skype 等视频类似,只要邀请联系人,就可以与对方进行面对面的视频通话。

6.5.1　登录 FaceTime

FaceTime 如今已经内置在了 OS X 中,我们可以通过设备上的视频镜头使用 FaceTime 功能,让我们随时都能与亲朋好友进行视频聊天。

单击 Dock 工具栏中的 FaceTime 图标，即可打开 FaceTime 窗口。

打开 FaceTime 窗口后,立刻就会看到设备镜头对着的物体(或自己)的影像。在窗口右侧中输入你的 Apple ID 和密码,再单击"登录"按钮。然后再单击"下一步"按钮即可。

6.5.2 与好友视频聊天

登录 FaceTime 后，切换到"所有联系人"标签，这里会加载这台 Mac"通讯录"中所有联系人及其名片内容。在"所有联系人"列表中选择要视频聊天的好友，即可看到好友的资料简介。

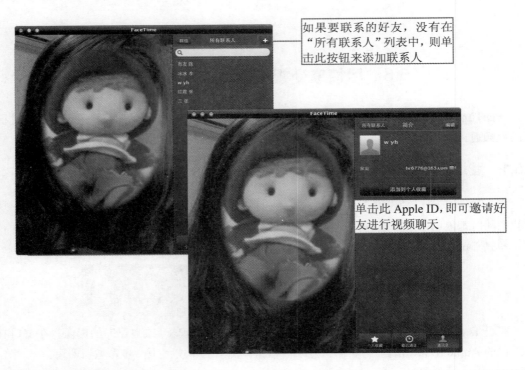

如果要联系的好友，没有在"所有联系人"列表中，则单击此按钮来添加联系人

单击此 Apple ID，即可邀请好友进行视频聊天

邀请好友进行视频聊天以后，就是等待对方接受邀请，此时的 FaceTime 界面会显示为等待状态。待好友接受邀请后，FaceTime 的画面就会变为好友的影像，而此时，自己的影像则变为缩略图显示在左下角。

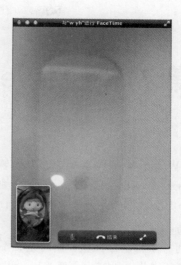

第 7 章　Mavericks 内置办公应用

相对于 Windows 操作系统中的办公软件而言苹果公司也有自家的办公应用，这其中包括 Pages、Numbers 和 Keynote 三个软件，分别用于文件的编辑和排版、电子表单的处理及幻灯片的制作，这几个办公软件的功能十分强大，由于是自家开发的办公软件，所以在 OS X 平台中十分好用且效率极高。

无论在何种平台，办公软件始终是必不可少的应用，有了这些高效率的应用可以帮助用户完成复杂、繁琐的工作，本章中主要为用户讲解办公软件的使用。

7.1　电子文档——Pages

Pages 专门负责文件的编写与排版工作，相对于 InDesign、Quark 等专业排版软件，Pages 提供了一个较为简单的排版选择，我们可以用它制作各种信函、信封、履历、报告、简报、小册子、传单、海报、卡片、名片、证明等图文件案。懒惰一点的人甚至可以直接应用默认模板就能制作出精致而独特的印刷品。

7.1.1　操作界面

单击 Dock 工具栏中的 Pages 图标，打开 Pages 程序。

Pages 的操作界面相当简洁，从上到下分别为标题栏、工具栏、格式栏、导航边栏和编辑区域几大块的内容

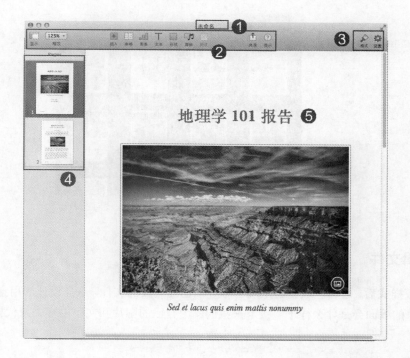

①标题栏：显示文件的名称。

②工具栏：编辑时常用的功能键都在这里，单击右键，在弹出的快捷菜单中选择"自定工具栏"命令，可以进行调整。

③格式栏：快速调整字体、字号、大小、、颜色、对齐方式等格式，不用的时候也可以将其隐藏。

④导航边栏：依序列出文件中的所有页面，可以在此任意调整顺序，在此可快速跳转到指定的页面。

⑤编辑区域：即时显示当前文件的编辑、排版状态。

7.1.2　创建文件

在创建文件时，如果对文件还没有一个满意的版式，此时就可以利用模板来创建文件。运行Pages 后，首先选择一个合适的模板进行编辑，这里可以根据自己制作文件的需求从导航边栏中选择各种类型的模板（双击打开模板），将鼠标指针轻轻滑过各模板封面，即可查看该模板中各种页面的样式。当然，如果你是排版高手也可以由空白页面从无到有来创建文件。

7.1.3　编辑文件

选好模板样式后，编辑区域就会出现一个看似已经完成的文件，这样设计的用意是 Pages 先告诉我们做出来的版面会是什么样子。接下来我们就用自己的图片和文字内容去替代模板中的内容。

首先，把文字部分更换为自己的内容，在相应的位置输入文字内容即可，Pages 会根据已有的排版方式为我们的文字内容应用相应的格式。

　　文字部分更改完成后，接着就来更换图片内容。单击工具栏上的"媒体"按钮，打开"媒体"窗口，然后再从 iPhoto 图库里选取合适的照片。

　　在"媒体"窗口中的图片预览区中，先选中图片，然后再直接拖放到模板中原来放置图片的位置，释放鼠标即可。

　　内容全部更换完成后，一份出色的作品就完成了。

7.1.4　其他操作

　　Pages 的功能十分强大，创建好文件后，还可以对其进行设置，以满足我们的工作需要。

1. 设置内容的样式

基本的版面编排好之后，如果对文件中内容的样式不太满意，则可以进一步对其进行修改。首先用鼠标单击要修改的文字字段，接着单击格式栏中的"显示或隐藏样式抽屉"按钮，打开样式列表，即可根据段落、字符或列表中的选项来更换样式。

2. 调整图片的绕排方式和文本样式

如果编排的文件里有需要将图文合并的部分，Pages 也可以让我们设置图片绕排的各种方式。首先单击新编辑区域中的图片，接着单击格式栏上"显示或隐藏样式抽屉"按钮，打开样式列表，即可以根据段落、字符或列表里的选项来更换排列样式。最后再根据需要选择一种合适的绕排方式即可。

如果对新编排文件里的文本内容的样式不满意，则可先用鼠标单击要修改的文字字段，接着单击格式栏中的"检查器"按钮，然后在打开的窗口中切换到"排列"标签，最后再根据需要进行相应地调整。

3. 插入文本框

有时我们需要在图片中添加一些说明文字，以此来突出该图片的重点。单击工具栏上的"文本"按钮，即可弹出文本框，接着在文本框中输入需要的文字。

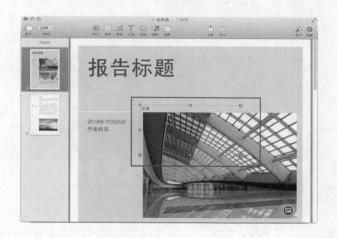

4. 插入图形

在对文件进行编排时，如果有需要插入各式各样的图形、图表等，可以单击工具栏中的"形状"按钮，然后在弹出的菜单中选择要插入的图形，最后再在文件中进行绘制即可。

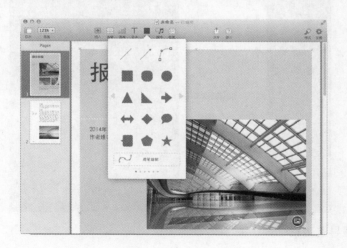

5. 添加批注

批注是补充文件中内容的说明，以便日后了解创建时的想法，或供其他用户参考。单击工具栏中的"批注"按钮，Pages 会自动弹出"批注"面板，并且还会弹出批注框，然后再在批注框中输入批注的内容即可。

6. 跟踪修改

如果要跟同事或朋友合作编辑一份文件，则可以单击应用程序菜单栏上的"编辑"|"跟踪修改"命令。这样，当任何人更改了文件的某部分内容，都会详实地记录在"批注"面板里。如果要关闭跟踪，则单击应用程序菜单栏上的"编辑"|"关闭跟踪"命令即可。

7. 显示或隐藏导航边栏

如果我们所编排的文件只有一个页面，则可以将导航边栏隐藏，这样就可以让窗口只显示编辑区域。单击工具栏中的"显示"按钮，然后再弹出的下拉菜单中取消选中的"页面缩略图"即可。

8. 全屏幕查看

当该文件的所有内容都已经添加或修改完成后，可通过全屏幕清晰地查看文件的内容。直接单击窗口右上角的"全屏幕"按钮即可。全屏幕时文件的下方会显示文件的字数及文件的页码。

全屏幕是用户想要专注地编辑文件，以避免其他程序干扰，最为有效的方法。

7.1.5　文本转换

在 Mac 中多格式文本（RTF）是指带有字体颜色、超链接以及各种特殊字符的文本，通常将这种文本转移或者拷贝至其他平台上（如 Windows）有时容易出错，在这种情况下，可以先将其转换为纯文本，再对其转移或者拷贝就不会出现这种现象了。

如在"文本编辑"中创建了一段多格式文本，选择菜单栏中的"格式"｜"制作纯文本"命令。

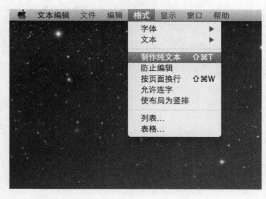

在弹出的对话框中单击"好"按钮，然后再将文本重新保存即可。

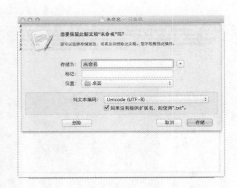

7.2　电子表格——Numbers

　　Numbers 是苹果公司开发的电子表单应用程序，作为办公软件套装 iWork 的一部分，与 Keynote 和 Pages 捆绑出售。它的功能定位与 Microsoft 中的 Office 系列中的 Excel 一样，用来制作电子表格，而且它的操作方式也与 Excel 类似。

7.2.1　操作界面

　　由于 Numbers 功能强大，应用层面也相当广，这里我们只做简单的入门介绍，而其他更深层次的操作，就留待用户熟悉 Numbers 的功能就以后，自行探索了。

　　单击 Dock 工具栏中的 Numbers 图标，打开 Numbers 程序。

　　如果用户对 Excel 已经有简单或者深入的操作经验，那么打开 Numbers 后的第一件事就是熟悉这个新软件的窗口设计，当新建窗口之后会发现它的界面相比之前的版本要更加简洁舒适。

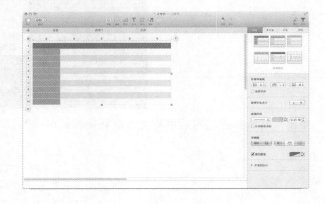

默认情况下，打开的 Numbers 程序，同样会出现一个"模板选取器"窗口，可以直接选择一个模板进行编辑（双击打开模板）。这里我们先选择"制图基础知道"模板。

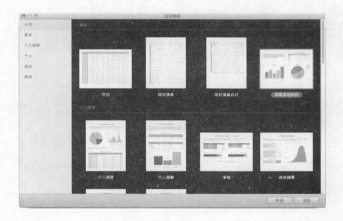

打开默认的模板文件后，主窗口中会出现该文件的编辑区域，而导航边栏中的"表单"列表中则会显示该文件里面包含的所有表单和其中的表格。在这里我们可以发现文件、表单和表格的关系，即一份文件可以包含很多个表单，而一个表单列又包含了多个表格。

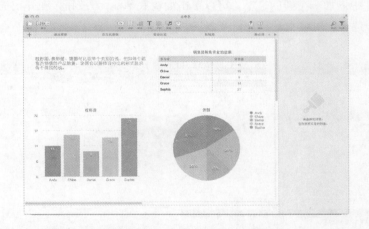

秘技一点通 85

我们知道，Excel 中一个工作簿里可以包含多个工作表，分别储存不同的数据和图表。而在 Numbers 里面，"工作表"这个功能由表单充当了，并且每个表单下面会列出所储存的表格和图表名称，从而更利于用户的管理工作。

选择顶部的"基本图表"、"交互式图表"、"表单 1"、"数据比较"即可切换至当前的视图中进行编辑。

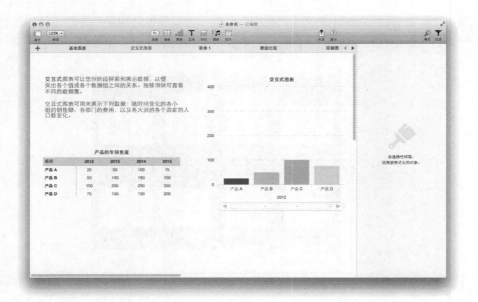

7.2.2　编辑文件

如果要在文件中增加一个新的表单，可以单击面板底部的 ▦ 按钮，在弹出的选项中选择一种自己喜欢的表格布局，此时将自动添加一个表格。

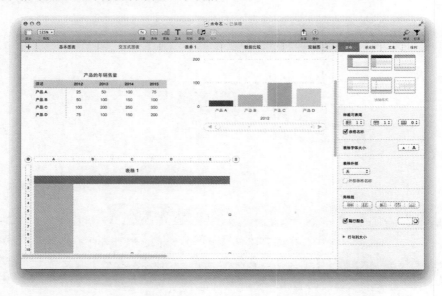

当我们创建新的表单时（除模板外），系统所呈现的就是一张空白的表单。

1. 创建空白表单

在大多数情况下，我们要根据手中已有的数据来重新创建一个空白的表单，此时就可以在"模板选取器"窗口中选择"空白"，即可创建一个空白的表单。

2. 删除部分表格

从新建的空白表单中可以看到，其单元格填满了整个编辑区域，这也使得单元格非常的小，从而也提高我们输入和查看数据时的难度。此时，就可以删除一部分表格，以减少我们查看数据时的难度。

将鼠标指针移至表格右下角的控制柄上，按住鼠标向上和向左拖动到合适的位置，然后再释放鼠标，就能删除部分多余的表格。

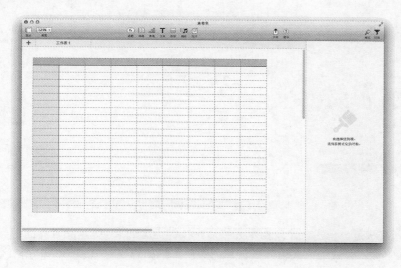

3. 调整表格的行高

删除部分表格后，只是减少了表格的数量，但单元格仍然很小，此时可以将光标移至表格右下角位置当变成双箭头样式的时候拖动，这样即可快速地调表格中各行的行高。

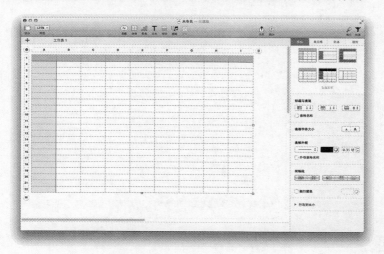

7.2.3　使用公式

Numbers 的计算功能非常强大，在选择相关数据和运算函数后，表格就会自动帮我们进行运算，并得出对应的计算结果。

首先，在前面已经制作好的表格中单击一个空白单元格，例如 B7 单元格，然后单击工具栏中的"函数"按钮，在弹出的下拉菜单中选择我们所须的运算种类（这里选择"最大值"），即可得出计算结果。

另一种计算方法是，单击一个空白单元格后，按键盘上的 = 键，此时界面中会出现公式栏，然后用在 Excel 中输入公式的方式输入要计算的数值。例如想要对 B2～B6 单元格区域求和的话，就是"=SUM（B2:B6）"，或者直接用鼠标拖动出要进行求和的范围（在 B2 单元格中按住鼠标，拖动到 B7 单元格）。此外，公式也可以输入到编辑栏中，最后再按 enter 键即可得出计算结果。

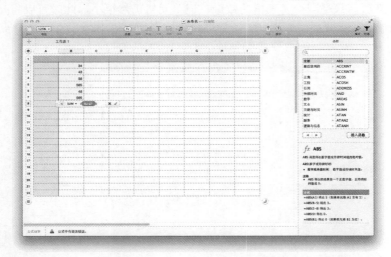

7.2.4　制作图表

如果要制作一个与表格相关的图表，则可在选择表格后，单击工具栏中的"图表"按钮，然后在弹出的下拉菜单中选择要用的图表类型，这样一个精美的图表就会出现在同一个表单中。

7.3　幻灯片——Keynote

Keynote 不仅支持几乎所有的图片字体，还可以使界面和设计也更图形化，利用其制作出的幻灯片也更容易夺人眼球。另外，Keynote 还有真三维转换，幻灯片在切换的时候用户便可选择旋转立方体等多种方式。

7.3.1　操作界面

Keynote 能提供完整的 Mac 解决方案，其拥有超强的演示文稿功能，所制作出的幻灯片可谓美轮美奂。这里我们只简要说说它最为突出的一些特色。

❶标题栏：显示文件的名称。

❷工具栏：编辑时常用的功能键都在这里，单击右键，在弹出的快捷菜单中选择"自定工具栏"命令，可以进行调整。

❸格式栏：快速调整字体、字号、大小、颜色、对齐方式等格式，不用的时候也可以将其隐藏。

❹导航边栏：依序列出文件中的所有页面，可以在此任意调整顺序，也可在此快速跳转到指定的页面。

❺编辑区域：即时显示当前文件的编辑、排版状态。

7.3.2 创建幻灯片

Keynote 的基本操作与 PowerPoint 类似，但是，Keynote 更重视演示文稿呈现的整体性，所以打开 Keynote 程序后，首先弹出"主题选取器"窗口，以让我们选择一个合适的主题模板。用鼠标在各主题封面上滑动，可以浏览该主题内各种模板的幻灯片，双击即可选择该主题。

进入 Keynote 之后，如果对该主题不满意想要更换主题，则可以单击右上角的 ⚙ 按钮，在弹出的下拉菜单中选择重新选择自己满意的主题即可。

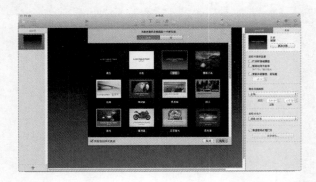

1. 选择母版

针对不同的演示主题，Keynote 提供了相应的模板，在模板上设计幻灯片，可以为每一张幻灯片快速套用不同的母版版式，这样既可以提高工作效率，也不失个性化，单击右侧的"编辑母版幻灯片"按钮即可。

2. 编辑幻灯片

Keynote 的幻灯片制作方式非常简单，直接在界面上的文本字段中双击即可开始编辑。另外单击工具栏中的"文本框"即可在 Keynote 的编辑区域创建一个文本框，以输入不同的内容。

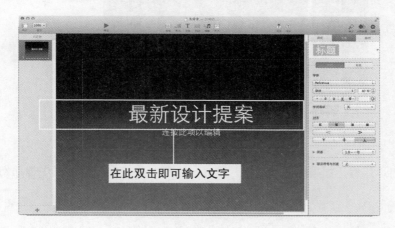

3. 添加更多媒体

单击工具栏中的"媒体"按钮，可以打开"媒体"窗口，然后再直接选用 iTunes、iPhoto 以及影片资料库中的媒体文件。将图片直接拖放到原来的图片位置即可。

4. 新建幻灯片

一个成功的幻灯片怎么可以只有一张幻灯片呢？单击窗口左下角的 ➕ 按钮，即可新建一张空白的幻灯片。

新建多张幻灯片后，如果要调整幻灯片的显示顺序，直接在导航边栏中拖动幻灯片缩略图来进行调整即可。

7.3.3　添加特效

幻灯片做好后，先单击工具栏中的"播放"按钮预览一下效果，如果感觉过于平淡，那下面就来为它添加绚丽的特效。

设置幻灯片的过渡特效时，先选择左侧"幻灯片"导航边栏中的一张幻灯片，这个特效会在转换到下一张幻灯片时显示。选择幻灯片后，单击右上角的 ◆◆ 按钮，再单击下方的"添加效果"按钮，然后在弹出的列表中选择一个自己喜欢的动画效果即可。

秘技一点通 86——自动完成英文输入

假如在 Pages、Keynote 中输入文本的时候，想要输入一个完整的单词，例如"happened"，当输入"happ"以后按 esc 键，此时将自动弹出一个列表，在列表中包含了很多有"happ"的单词，通过按键盘上的向上下键即可完成"happened"单词的输入。

7.3.4 批量显示

选择 4 个图片后，再选中其中的某一个图片，按住 `option` 键在其图标上右击鼠标，在弹出的快捷菜单中选择"幻灯片显示 4 项"命令，此时这些图片将以幻灯片的形式显示。

秘技一点通 87——PDF 中的"放大镜"

在查看 PDF 的时候如果遇到带有图像的页面，想要看得清楚一些除了放大页面之外，还可以直接按键盘上的"～"键此时光标所在的位置将变成一个矩形变大镜，它可以将当前位置放大显示。

第 8 章　Mavericks 内置多媒体应用

在个人电脑中苹果公司一直都特别重视多媒体应用的开发及研究，他们希望购买了 Mac 的用户能够带给自己多彩的娱乐生活，所以多媒体应用方面苹果公司一直都做得十分出色，从经典的 iTunes 音乐播放器到强大的 iPhoto 照片管理软件以及著名的 Game Center 游戏中心应用处处让用户体会到 Mac 所带来的愉悦体验，而本章就主要讲解 OS X 内置的多媒体应用。

8.1　音乐世界——iTunes

iTunes 是一款数字媒体播放应用程序，能播放 Mac 和 PC 上所有的媒体文件，并且是将其同步到用户的 iOS 设备中的最佳方式。同时，它还是一个虚拟商店，能随时随地满足一切娱乐所需。

8.1.1　基本操作

iTunes 是一个娱乐多面手，它不仅是一个功能丰富的音乐播放器，更是一个集媒体资源管理、移动设备资源同步、在线数字商店于一身的应用中心。打开 iTunes，重新设计过的 iTunes 界面，几乎拿掉了其他多余的颜色，让整个界面看起来更方便简洁。

1. 认识 iTunes 的界面

单击 Dock 工具栏中的 iTunes 图标，即可打开 iTunes 窗口。

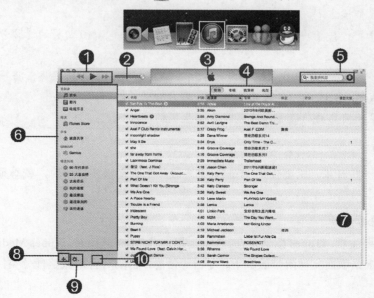

❶播放控制按钮：提供播放、停止、前一首、后一首 4 个播放控制功能。

❷音量调节滑块：用于调节音量的输出大小。

❸播放信息及进度栏：显示目前播放的歌名、表演者、长度等，可以切换成音量模式增加动感，也可以单击此处让浏览窗口快速跳转至现在播放歌曲的所在处。

❹显示方式：选择 iTunes 显示音乐列表的模式。共有"列表"、"专辑列表"、"网格"与"Cover Flow" 4 种显示方式。

❺搜索栏：输入关键字即可搜索 iTunes 中保存的数字资源。

❻项目列表：提供多个不同的项目模块，如资料库类型、iTunes Store、设备名称、局域网上共享的资料库与播放列表，单击各来源即可在主窗口切换。

❼音乐列表：在项目列表中选取项目后，该项目的歌曲、影片、Podcast 或 iTunes Store 都出现会在这里。

❽添加播放列表按钮：单击此按钮一次将新增一张播放列表。

❾播放模式切换按钮：可切换播放模式。单击 ⤧ 按钮进入随机播放模式，单击 ⟳ 按钮进入循环播放模式。

❿插图及视频显示按钮：用于控制左下角的插图及小视频画面的显示及隐藏。

秘技一点通 88

项目列表中提供了多个不同的项目模块，切换模块即可提供播放、媒体管理、设备同步、浏览购物等不同的功能。可供选用的模块以下几种。

- 资料库：资料库下提供音乐、影片、电视节目、Podcast、应用程序和广播共 6 个子项，用于管理电脑上的各种影音资源及 iPhone、iPad 等移动设备应用程序。
- STORE：iTunes Store 数字媒体网上商城的入口。当用户注册 Apple ID 后，即可通过该入口购买各种电子书、游戏、音乐、软件等数字媒体资源。
- 设备：导入、同步的各种设备将显示在该位置。如果将 iPhone、iPad 等连接至电脑，那么将显示在这个模块下。
- 共享：用于指定从共享的电脑中导入资源，以及将 iTunes Store 购买的资源分享给其他电脑使用。
- GENIUS：一个人工智能模块，它会利用 Apple 服务器上的歌曲数据库，将一些风格相近的音乐组成播放列表，以方便用户欣赏音乐。
- 播放列表：显示用户自行设置以及系统自动生成的播放列表。

2. 导入与播放音乐

如果你已经有了一些音乐，需要使用 iTunes 来播放，那么在播放音乐前，就必须先将音乐导入到 iTunes 资料库中。

（1）导入前的准备工作

在导入音乐前需要注意，iTunes 默认是在：/Users/用户名/Music/iTunes/iTunes Media 文件夹中。iTunes 导入歌曲时会根据歌曲文件附带的歌手、专辑等信息，自动对音乐做整理分类，并将副本存至该文件夹下。时间一久，随着导入媒体资源越来越多，该文件夹可能会占用数十 GB 甚至更大的空间。如果该位置可用空间不多，最好为 iTunes Media 文件夹指定一个有较大剩余空间的位置。

　　单击应用程序菜单栏中的 iTunes |"偏好设置"选项，接着在弹出的窗口中单击"高级"图标，切换到"高级偏好设置"窗口，单击"更改"按钮，然后重新选择 iTunes Media 文件夹的位置。

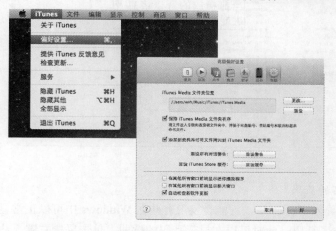

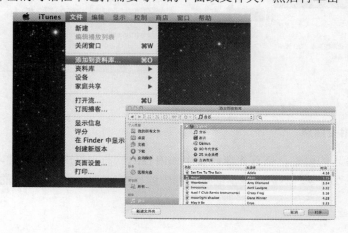

秘技一点通 89

　　如果想更进一步节省空间，不需要 iTunes 创建副本，则在"高级偏好设置"窗口中取消"添加到资料库时将文件拷贝到 iTunes Media 文件夹"选项即可。

（2）导入音乐文件

　　iTunes 既能导入单曲，也能导入整个文件夹。单击应用程序菜单栏中的"文件"|"添加到资料库"命令，在弹出的对话框中选择需要导入的单曲或文件夹，然后再单击"打开"按钮。

　　接着在右侧的项目列表中选择"资料库"中的"音乐"项目，然后再右侧的音乐列表中双击要播放的歌曲即可。

（3）解除歌曲名的乱码

有时将音乐文件导入 iTunes 后，可能会发现有些在 Windows 中可以正常显示的歌曲信息，添加到 iTunes 后却变成了乱码。此时可以在显示乱码的歌曲上单击鼠标右键，从弹出的快捷菜单中选择"转换 ID3 标记"命令，然后在弹出的"转换 ID3 标记"对话框中选择"转译文本字符"|"ASCII 到 ISO Latin-1"选项，再单击"好"按钮即可。

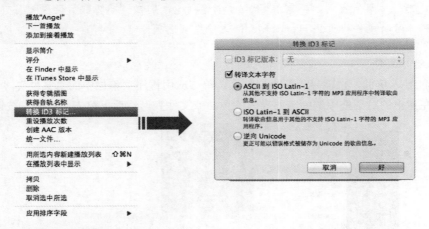

3. 添加歌曲的相关信息

如果想要更改音乐的信息，则首先选择要添加内容的歌曲，单击鼠标右键，从弹出的快捷菜单中选择"显示简介"命令，然后在弹出的对话框中的相应字段中，输入需要的内容。

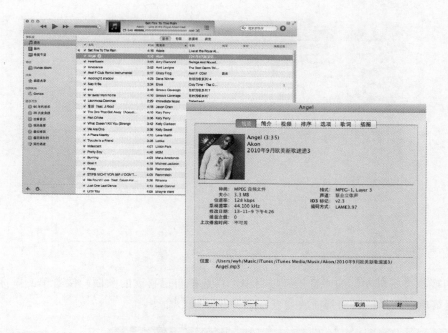

为了方便管理，还可以为音乐文件添加插图。切换到"插图"标签，单击"添加"按钮，然后再选择一个合适的图片作为该歌曲的插图，再单击"好"按钮即可。

4. 创建播放列表

用户还可以根据当下的心情自制播放列表，以此来让 iTunes 播放自己所点选的歌曲。要新建播放列表，首先单击窗口左下角的➕按钮，即可在"播放列表"列表中新建一个播放列表。然后再为该列表重新命名（如这里重新命名为"英伦速递"）。

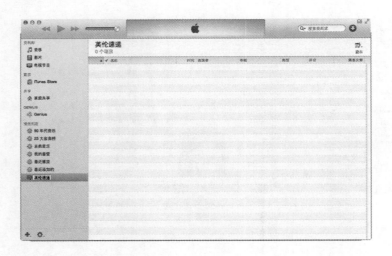

接着切换到"资料库"的"音乐"项目中，再选择自己喜欢的歌曲，接着单击鼠标右键，在弹出的快捷菜单中选择"添加到播放列表"|"英伦速递"命令。

秘技一点通 90

在"音乐"列表中，选择自己喜欢的歌曲，然后在其名字上右击，从弹出的菜单中选择添加到播放列表将其移至新建的列表中。

接着选择我们创建的播放列表，即可看到刚刚添加进来的歌曲。

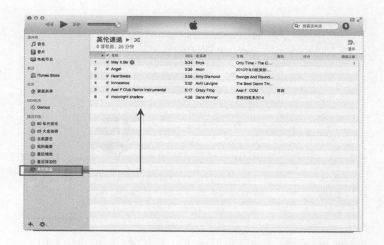

5. 创建音乐专辑

如果在资料库中有非常多的音乐文件，要一一输入专辑信息，并指定封面插图，着实是件非常繁琐的事。此时，就可以利用创建专辑的方法来简化繁琐的操作步骤。

首先在"音乐"项目中选择要放在同一张专辑的音乐文件，接着单击鼠标右键，从弹出的快捷菜单中选择"显示简介"命令，然后在弹出的对话框中单击"是"按钮。

接着在弹出的对话框中的相应字段中，输入该专辑的相关信息，然后再双击"插图"下方的方框，来指定该专辑的封面图片，最后再单击"好"按钮完成设置。

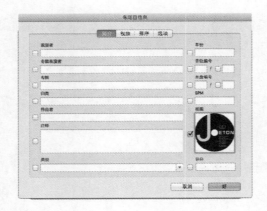

设置完成后，将显示模式切换为"专辑"模式，即可显示刚创建的专辑。

8.1.2 传输文件

如果用户还拥有其他的 iOS 设备，如 iPhone、iPad、iPod touch，则可将 Mac 中的音乐或影片传输到这些设备中，此时就必须利用 iTunes 的同步功能。

1. 手动传输影音文件

准备好你的设备，并利用 USB 数据线连接到 Mac。注意，连接时系统会自动打开 iTunes 程序。这里我们以使用 iPad 为例，来进行介绍。

先切换到"音乐"资料库，然后再选择要同步到 iPad 中的歌曲，接着再按住鼠标将选中的歌曲拖动到 iPad 中。

连接 iOS 设备后，系统会自动显示设备的名称

2. 自动同步传输影音文件

如果用户觉得手动传输相对比较麻烦，则可以设置每一次将 iOS 设备连接到 Mac 时，就让 iTunes 自动同步传输影音文件。

默认设置下，将同步所有音乐、视频、相片、应用程序、Podcast、图片等 iTunes 资源库中的内容。假如不想同步所有内容，则可切换至各标签中，选择"所选的内容"选项，然后勾选需同步的内容。

8.1.3　聆听音乐

默认情况下，在 OS X 中听音乐默认的程序是 iTunes，不过如果只想快速地听某一个音乐文件，可以直接在 Finder 中把鼠标光标移到音乐文件上面，单击图标中间的"播放"按钮，就可以直接播放了。播放中，图标中间的按钮会显示目前的播放进度，单击即可暂停播放。

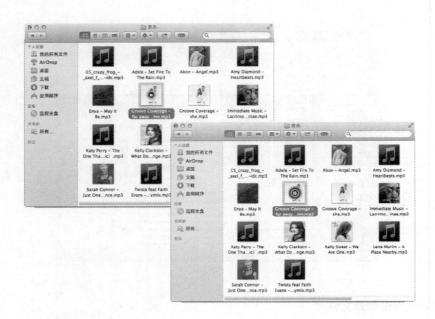

秘技一点通 91——更改声音偏好设置

按住 option 键单击菜单栏中的 🔊 图标，此时在弹出的下拉菜单中可以选择"声音偏好设置"命令。

秘技一点通 92——更改声音

在调整音量的时候系统会发现类似 pia pia 的声音，对于工作中的用户而言或许会打扰到别人，此时按住 shift 键的同时再调节音量就会发现声音变了，会变成一种低沉的"咚咚"声。

8.1.4　向 Airplay 设备发送音乐

假如已有 Airplay 设备与自己的 Mac 连接，无需设置或配对即可将声音发送至设备，单击 Dock 工具栏中的"系统偏好设置"图标，在弹出的窗口中单击"声音"图标，此时将弹出"声音"偏好设置窗口，单击"输出"标签，在下方的输出设备列表框中选中 Airplay 即可。

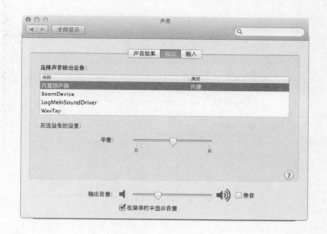

8.1.5　优化播放效果

iTunes 是 Mac 中一款相当成熟的播放器，它属于苹果公司自己开发的产品，经过多次版本更新，现在最新的版本其功能相当强大。

通过对 iTunes 的偏好设置进行优化设置后，可以发现它具备更多符合个人使用习惯的功能。

单击 Dock 工具栏中的图标，打开 iTunes 程序，选择应用程序菜单栏中的 iTunes｜"偏好设置"命令，此时将弹出偏好设置窗口。

在弹出的偏好设置窗口中单击顶部的"回放"按钮，在下方分别勾选"交叉渐入渐出歌曲"和"声音增强器"复选框。

- "交叉渐入渐出歌曲"是指播放音乐时可以将音量降低并缓缓地渐入下一首歌，该选项可以避免在切换歌曲时所产生的"生硬"感觉。

- "声音增强器"可以自动对音乐中的低音和高音进行实时调整，让音乐的氛围感更好，"音量平衡"选项可以使所有音乐在相同的音量下播放，此选项对于 CD 或者从 CD 抓取过来的音乐十分有效。

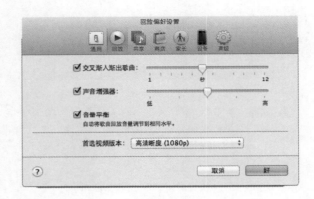

8.2　多媒体播放器——QuickTime Player

QuickTime 是苹果公司开发的一种多媒体架构，它可以像编辑文件一样用剪贴的方式，直接对影片、声音文档进行剪辑，并导出为各种专业多媒体格式。

8.2.1　播放文件

默认情况下，在 Dock 工具栏中找不到 QuickTime Player 图标，要有 Launchpad 模式中才可以找到 QuickTime Player 图标。

打开 Finder 窗口浏览多媒体文件时，如果可以看到文件的缩略图，则表示该文件可以用 QuickTime Player 打开和播放。

在播放影片时，单击应用程序菜单中的"显示"|"进入全屏幕"命令，即可以全屏幕来播放影片。

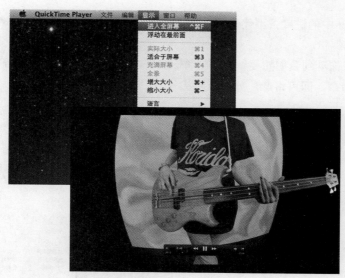

8.2.2　查看属性

在播放窗口下，单击 QuickTime Player 应用程序菜单中的"窗口"|"显示影片检查器"命令，将会弹出检查器面板，以显示该文件的相关信息。

8.2.3　分离影片

QuickTime Player 中的进度条不仅仅是一个进度指示，它同时也是一个分离指示，通过它用户可以对影片进行分离编辑。

将影片的进度条拖动到我们想要编辑的位置，然后再单击 QuickTime Player 应用程序中的"编辑"|"分离剪辑"命令，即可将影片分离成两部分。

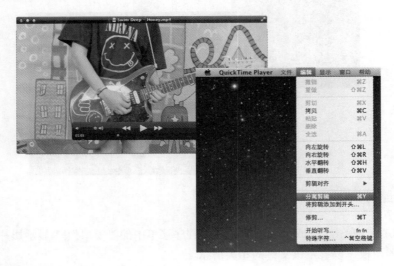

8.2.4　调整顺序

简单地说，调整影片的顺序就是对剪辑重新做排列组合，将分离成剪辑的影片在剪辑框内移动到需要的位置即可。不仅如此，还可以将一个影片中的剪辑拖动到别一个剪辑框中，从而在另一个影片中插入该段剪辑。

8.2.5　删除部分影片

有时我们会发现影片开始或结尾处没有声音，此时我们所要做的就是将这部分影片删除。

要想删除某个剪辑开始或结尾没有声音的部分，只须将该剪辑分离出来，然后再双击该剪辑进入修剪状态，再执行 QuickTime Player 应用程序栏中的"编辑"|"全选"命令，即可删除影片中没有声音的部分。

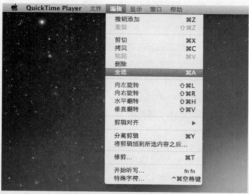

秘技一点通 93——调整倍增量

同时按住 shift 键和 option 键可以以四分之一的倍增量来调整声音大小，此方法同样适用于调整键盘背光亮度和屏幕亮度。

8.2.6　提取音频文件

当遇到一首自己非常喜欢的 MV 或者电影片段中的音乐，想把其中的音频部分单独提取出来，或许很多用户会想到第三方软件，确实有许多第三方软件可以将视频中的音频部分提取出来，不过在如今的 Mac 中也具备这个功能了。

首先选中一个视频文件，在其图标上右击鼠标，从弹出的快捷菜单中选择"编码所选视频文件"命令。

此时将弹出一个"编码媒体"窗口，在窗口中单击"设置"后方的列表，选择"仅音频"，之后单击"继续"按钮，根据视频文件大小，稍等片刻即可看到所提取的音频文件。

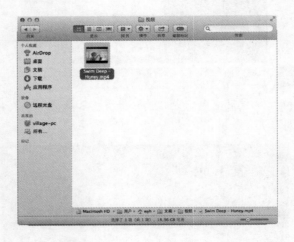

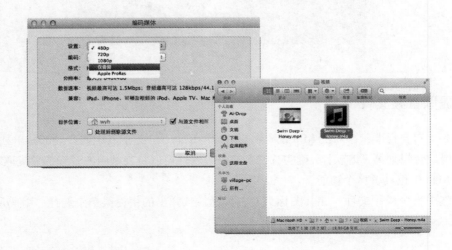

秘技一点通 94

在"编码媒体"窗口中，不但可以从视频文件中提取音频文件，还可以将高清码率的视频转换成稍低码率视频放在 iOS 设备中观看，以节省空间，由于 iOS 设备的屏幕相对 Mac 的显示器要小，所以在 iOS 设备中查看稍低码率的视频在清晰度上并无明显差别。

秘技一点通 95

如果在视频文件上右击鼠标，在弹出的快捷菜单中没有发现"编码所选视频文件"命令，可以前往"系统偏好设置"面板中，选中"键盘"将其打开，在出现的窗口中单击窗口顶部的"快捷键"标签，在下方左侧列表框中选中"服务"，在右侧勾选"对所选音频文件进行编码"即可。

8.3　数码照片的管理——iPhoto

iPhoto 是 iLife 中最受欢迎的软件，同时也是 Mac 中的照片管理利器。将照片交给 iPhoto 管理，肯定要比 Finder 管理得好，它可以将拍摄的照片依事件、地点、人物、关键字等方式进行分类，让用户得以快速地在数以千计的照片中，找出自己想要的照片，与身边或网络另一端的亲友一起分享。并且还为每位吹毛求疵的朋友提供了各类修饰照片的实用功能。

8.3.1　操作界面

如果你是第一次使用 iPhoto，那么该程序中没有任何照片，所以需要用户先将相机或硬盘中的照片导入，才能使 iPhoto 发挥其强大的作用。

单击 Dock 工具栏中的 iPhoto 图标，即可启动该程序。首先我们来认识 iPhoto 的操作界面。

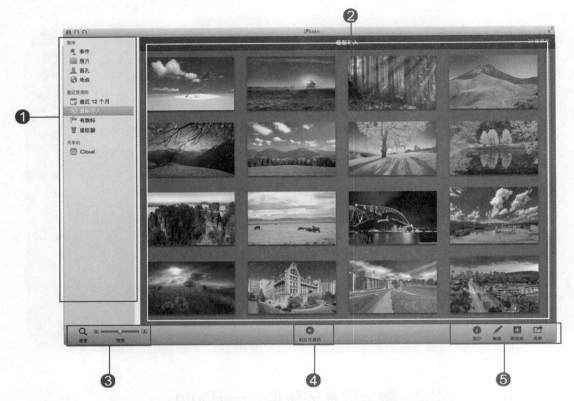

①边栏：所有照片整理区，里面的"图库"是整个 iPhoto 的照片资料库，其中包含了"事件"、"照片"、"面孔"和"地点"4 种浏览方式。如果接上数码相机或 iPhone，其设备图标也会显示在这里。

②照片浏览区域：对应左侧边栏所选的项目，这里就会显示该项目里面的所有照片。

③左下角功能区：从左到右依次是"搜索"和"缩放"功能。"搜索"能通过关键词或日期找出照片；"缩放"则是调整显示照片的尺寸。

④幻灯片显示：只要在照片浏览区域中选择喜欢的照片或事件，再单击事件就能马上进行精彩的幻灯片显示。

⑤右下角功能区：从左到右依次是"简介"、"编辑"、"添加到"和"共享"，iPhoto 全新的设计界面将其所有的功能图标都放置到右下角看似简单的界面中。

在 iPhoto 窗口中可以看到有 4 种自动整理方式，包括"事件"、"照片"、"面孔"和"地点"。这 4 种整理方式会显示在 iPhoto 边栏最上方的"图库"中。

- 事件：以活动的主题来分类，导入照片时键入事件名称即可。
- 照片：显示全部照片。iPhoto 会根据选择的排序方式显示照片。
- 面孔：iPhoto 内置了面孔识别功能，设置几个面孔之后，iPhoto 会自动扫描所有照片，并找出这个人的倩影。
- 地点：假设数码相机内置了 GPS 功能，则照片中就会存储地理位置，iPhoto 会根据这个信息，依地点帮照片分类。

8.3.2　导入照片

打开 iPhoto 后，首先必须导入照片才能进行预览和管理。而照片的来源，可以是相机中的照片，也可以导入已经保存在 Mac 中的照片。

1．导入磁盘中的照片

如果 Mac 中已经保存了之前拍摄的照片，则可以将这些照片导入至 iPhoto 中，以方便管理。单击应用程序菜单栏中的"文件"|"导入到图库"命令，接着在弹出的对话框中选择要导入的文件夹，再单击"导入"按钮即可。

2．重命名事件

将照片导入至 iPhoto 后，iPhoto 会自动对照片作事件归类处理。并将所有事件以"未命名事件"名称显示。

如果归类至"未命名事件"内的相片同属一个事件，那么可直接单击"未命名事件"项目，然后再重新输入新名称，按 return 键确认。

重命名事件

3. 创建新事件

如果要归类的照片不在当前事件中，则可以新建一个事件。单击应用程序菜单栏中的"事件"|"创建事件"命令，即可一个新事件。创建新事件后，再重命名该事件，接着将需要加入此事件的照片拖动至此事件项目。拖动后，将会弹出对话框，单击"合并"按钮即可。

4. 删除照片

在导入过程中，有时会将一些不需要的照片也导入到 iPhoto 中，那么该怎样将它们移除呢？方法有以下三个。

- 选择需删除的照片，同时按 ⌘ + delete 组合键，然后在弹出的提示对话框中单击"删除照片"按钮。

- 选持需要删除的照片，单击应用程序菜单栏中的"照片"|"移到废纸篓"命令即可。

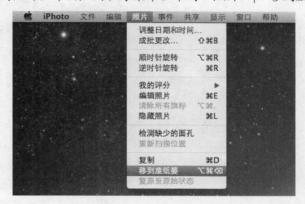

- 选择照片后，单击鼠标右键，然后在弹出的快捷菜单中选择"废纸篓"图标。

8.3.3　浏览照片

将照片导入 iPhoto 后，接下来就来看看如何在 iPhoto 中浏览照片。

1. 利用"事件"浏览照片

iPhoto 会将每次导入的照片归类到一个事件中，所以在导入照片时，要输入正确的事件名称，以便于日后查找。

首先在边栏中选择"事件"项目，再根据事件名称来查找归类的照片，然后再双击封面即可浏览其中的照片。

2. 查看所有照片

利用事件浏览照片时，每次只能看到一个事件中的照片，如果要想浏览 iPhoto 中所有的照片，则在边栏中选择"照片"项目，此时，在右侧的照片浏览区域中的会以事件作为区分来显示所有的照片。

3. 以"幻灯片"播放照片

在 iPhoto 中除了逐一浏览照片外，还可以以"幻灯片"形式让照片自动播放。

首先选择要播放照片的事件，再单击"幻灯片显示"按钮，然后在弹出的对话框中切换到"设置"标签，接着选择切换照片的过渡效果，单击"播放"按钮即可。

秘技一点通 96——快速全屏预览图像

选中任意一个图像文件按住 option 键的同时，再按 空格键 可以快速地进入全屏预览状态。

8.3.4 标记图像

双击任意一幅图像，此时预览程序将打开图像，在打开的预览窗口中：

- 按 control + command + R 组合键可在预览窗口中绘制矩形。
- 按 control + command + O 组合键可在预览窗口中绘制椭圆。
- 按 control + command + I 组合键可在预览窗口中绘制线段（按住 shift 键可绘制以 45° 角为基准的水平、垂直或者倾斜线段）。
- 按 control + command + T 组合键可在预览窗口中添加文本。

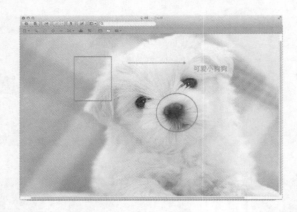

秘技一点通 97——用另外一个程序打开当前已打开的文件

如果此时正在使用"预览"浏览一个图片，想要将它在 Safari 中打开，在这里有一个十分简单的方法，在"预览"的窗口顶部位置可以看到当前图片的名称，在名称左侧有一个小图标，单击该图标并按住鼠标左键拖至 Dock 工具栏中的 Safari 图标上即可将其在 Safari 中打开。

8.3.5 管理照片

在使用 Mac 的过程中，磁盘中可能已经存储了上千张照片，如何才能快速地找出我们想要的照片呢？下面就来看看如何有效地管理与搜索照片。

1. 设置"标题"、"评分"及"关键词"

在利用 iPhoto 管理照片之前，我们要先来为每张照片添加标题、评价及关键词。

首先在边栏中选择"照片"项目，再单击应用程序菜单栏中的"显示"命令，然后再勾选"标题"、"评分"和"关键词"3 个选项。

● **标题：** 默认为照片的文件名，用户可对其进行重新命名。

● **评分：** 可对照片进行评价，共分为 1～5 颗星，以此来表示对此照片的喜爱程度。

● **关键词：** 为照片添加关键词，如风景、旅游、人物等，方便日后查找。

要为照片添加关键词，则先双击照片将其打开

然后在此输入关键词

再单击该按钮

2. 利用"面孔"搜索照片

iPhoto 还内置了智能的面孔搜索功能，在该功能的支持下，可以轻易地为所有亲友创建专属于他们的个人相册，以帮助我们更为有效地管理及搜索照片。

（1）识别面孔

单击左侧边栏中的"面孔"项目，此时 iPhoto 会将识别出的照片显示在右侧窗格中。然后再在每张面孔的下方为其输入名称，即可建立面孔相册了。

设置完成后，单击"前往面孔"按钮，即可进入面孔相册。双击某一面孔相册，即可打开照片。

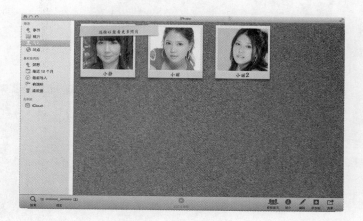

进入个人面孔相册后，单击窗口右下角的"确认其他面孔"按钮。系统会自动识别与面孔相册中为同一个人的面孔，但系统又不太肯定是否就是同一个人，此时就需要用户在此作进一步的识别确认。

全部选取完成后，单击"完成"按钮，即可以将刚选取的照片加入至该人的面孔相册中。

（2）删除面孔

假如想删除某个已经完成的面孔相册，可先选择该面孔相册的缩略图，然后单击应用程序菜单栏中的"照片"|"移到废纸篓"命令，接着在弹出的提示对话框中单击"删除面孔"按钮即可。

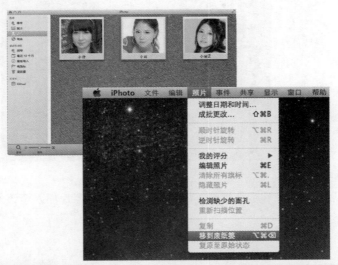

秘技一点通 98

删除面孔仅会删除面孔相册的缩略图，该人物的所有相片并不会因此从 iPhoto 中删除。

3. 快速搜索照片

iPhoto 和其他程序一样也为我们提供了"搜索"功能，只要在搜索框中输入我们想要找的照片的相关词语，系统就会针对事件名称、标题及关键词进行搜索。

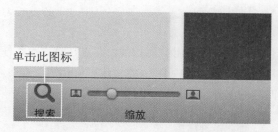

单击此图标

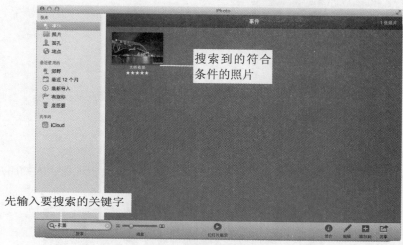

搜索到的符合
条件的照片

先输入要搜索的关键字

4. 创建相簿

iPhoto 还提供了"相簿"管理方式，由我们自己将照片进行分类并制作为相簿。相簿的管理方式特殊而又有效率，所有照片都存放在图库里，但个别相簿里的照片又都有其"分身"，因此，同样一张照片可以放在多个不同的相簿里，但不会占用额外的磁盘空间。

如果要新建相簿，可先在"图库"中选取要制作相簿的照片，再单击窗口右下角的"添加到"图标，然后在弹出的菜单中选择"相簿"，并重命名相簿即可。

5. 创建"智能相簿"

如果不想手动整理相簿，可以考虑使用智能相簿，设置好照片的条件后，iPhoto 就会自动帮我们整理相簿。单击应用程序菜单栏中的"文件"|"新建智能相簿"命令，然后在弹出的对话框中输入相簿的名称，并设置匹配的条件。

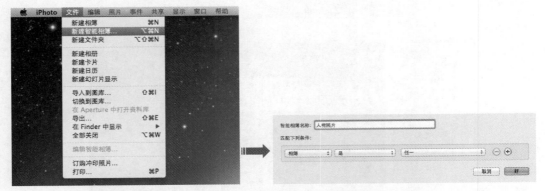

完成设置后，所有包含"人物照片"这一描述标识的相片都将会出现在"人物照片"相册里。

8.3.6 编辑照片

使用数码相机拍摄的照片，如果有太暗、太亮或者歪斜等问题。不用担心 iPhoto 提供了基本而又实用的照片编辑功能，我们可以利用该功能来改善这些有问题的照片。

屏幕下方的照片列表中显示了同一个相簿中的其他照片，将光标移动到列表上会自动放大照片，方便浏览与选取。

要美化照片，就必须在 iPhoto 窗口中切换到照片的"编辑"模式中。可以看到在窗口的右侧有用于编辑照片的 3 个标签，分别为"快速修正"、"效果"和"调整"。通过设置这 3 个标签中的各个编辑功能，即可将问题照片进行校正。

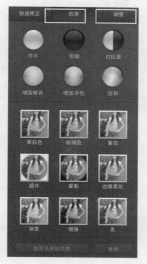

首先选择要进行编辑的照片，然后再单击窗口右下方的"编辑"按钮，即可进入"编辑"模式。

1. 旋转照片

当照片导入到 iPhoto 中时，有很多照片摆放的方向是横向的。因为有时候我们拍照时会把相机竖向拍摄，如果相机没有自动转正功能，就必须靠这个功能了。

选择要进行调整的照片，单击右下角的"编辑"按钮，单击"快速修正"标签中的"旋转"按钮，就可以将照片依逆时针方向旋转。

秘技一点通 99

如果要往反方向旋转，按住 option 键的同时，单击"旋转"按钮，就会以反方向旋转。

2. 改善照片

如果觉得照片过暗、过亮或对比度不够强烈，单击"快速修正"标签中的"改善"按钮，iPhoto就会自动帮我们把照片的对比度调整到最佳状态。

3. 去除红眼

在光线不足的环境中拍照，如果打开了闪光灯，很容易就会出现红眼现象，此时就可利用"修复红眼"功能来解决。

先用鼠标选取红眼区域，再单击"快速修正"标签中的"修复红眼"按钮，即可打开"修复红眼"工具。消除红眼时可以选中"自动修复红眼"复选框，让 iPhoto 帮我们自动判断要消除的红眼大小。也可以拖动滑块来调整选框的大小（调整至与眼球差不多大小即可），将鼠标指针移至红眼处单击，即可去除红眼，然后再单击"完成"按钮即可。

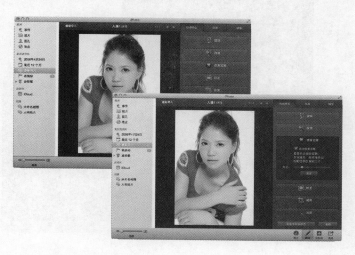

4. 校正照片

在拍摄照片时，如果没有注意到照片是否是水平或者垂直的置于画面中，等到我们回放照片时才发现照片是倾斜的，此时可利用"校正"功能来解决。

单击"快速修正"标签中的"校正"按钮，然后再向左、右拖动滑块为微调照片的倾斜角度，调整到合适的角度后，单击"完成"按钮即可。

5. 裁剪照片

我们不是专业的摄影师，所以在拍照构图时，难免会有多余的景物也出现在画面中，此时就可利用"裁剪"功能将其去除。

单击"快速修正"标签中的"裁剪"按钮，然后再拖动裁剪框来调整裁剪的范围，选定好要裁剪的范围后，单击"完成"按钮即可。

6. 润饰照片

如果我们拍出了一张十分满意的人物照片，但美中不足的是人物面部长了痘痘，从而影响了照片的美观。不用担心，只要利用"润饰"功能，就能轻松解决这一难题。

单击"快速修正"标签中的"润饰"按钮，再通过调整滑块来改变选区的大小，然后在照片中有痘痘的部位进行涂抹，就可以把不完美修饰得一干二净。

7. 为照片添加特效

如果拍摄出来的照片特别的平淡，则可以利用"特效"功能来为照片添加一些乐趣，使照片换一种风格。

切换到"特效"标签，再单击特效，可立即看到照片的变化，直至达到自己满意的效果为止。

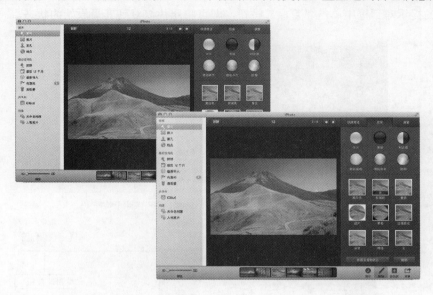

8. 照片的高级调整

如果你有使用 Photoshop 的经验，并具有影像编修的基本知识，还可以切换到"调整"标签，来为照片调整对比度、饱和度、高光、阴影等高级设置。

9. 恢复照片的原始状态

无论我们对当前选中的照片进行了多少次的修改，如果在修改美化过程中对之前的操作不满意，还可以将照片恢复到其原始的状态。

如果之前修改后的照片已被我们存储过了，可在再次打开后，单击"复原至原始状态"按钮，然后再弹出的提示对话框中单击"复原"按钮，即可将照片恢复到其最原始的状态。

8.3.7 制作个性化的相册、日历和卡片

iPhoto 不仅能用来浏览、管理与编辑照片，它还能将我们出去旅游所拍摄的照片，或者参加朋友生日等拍摄的照片，制作成一套精美的相册，或者别出心裁的日历、卡片，并把它当作礼物送给朋友，这一定是件美事。

1. 制作相册

照片是用来记录生活点滴的最好方式之一，如果我们为照片添加一些生动的说明文字然后再将其制作成相册，则更能突显当时的独特情感。

（1）创建相册

选择要制作成相册的多张照片，单击窗口右下角的"添加到"按钮，然后在弹出的菜单中选择"相册"。

第一次使用此功能时，会弹出提示对话框，要求选择我们的所在位置，由于没有"中国大陆"这一选项，所以可任选一个。

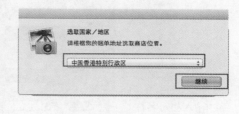

单击"继续"按钮后，进入选择样式页面，这里可供选择的样式种类繁多，但不同的样式均可变更颜色，选择满意的样式后，单击"创建"按钮，进入下一个步骤。

此时会在边栏中添加一个新的相册项目，重命名该相册。默认情况下，会将照片自动分配到每个页面，如果不满意可直接拖动照片进行调整。

单击此按钮，可
重新选取主题

输入相册名称

（2）编辑相册

双击相册中的某一页面，即可进入该页面并对其进行设置。单击照片上方的 ▓ 图标，在弹出的下拉列表中选择一种页面的布局（这里选择"1 张照片"），然后再选择布局样式。

单击照片上方 ▢ 图标，在弹出的颜色列表中选择一种满意的颜色，即可更改相册的页面背景颜色。

秘技一点通100

　　双击相册中的某一页面，进入该页面，然后再单击窗口右下角的"布局"按钮，弹出"布局"窗格，可便于我们设置页面的布局。

　　单击窗口右下角的"选项"按钮，即可弹出"选项"窗格，在此窗格中可以为选中的照片添加边框，也可为照片添加特效。

在"选项"窗格中，单击"相册设置"按钮，在弹出的对话框中可根据自己的需求勾选选项，以满足自己的操作需要。

（3）打印相册

将精心制作完成的相册，上传到 Apple 中就能将其打印输出了，由于目前中国大陆并没有提供此项服务，所以我们只能将文件存储为 PDF 文件或者自行使用打印机打印，然后再将其装订成册。

　　单击应用程序菜单栏中的"文件"｜"打印"命令，然后在弹出的"打印"对话框中进行相关的设置后，再单击"打印"按钮即可。

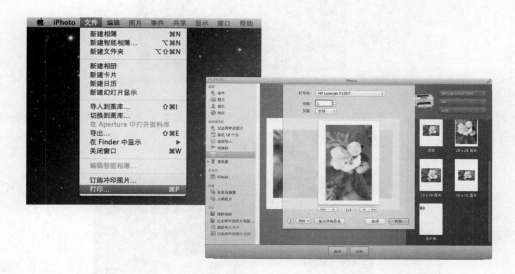

2. 制作个性化卡片

　　想给朋友惊喜吗？有了 iPhoto，不管是节日还是平时，我们都能给朋友带来惊喜。

　　选择要制作成卡片的多张照片，再单击窗口右下角的再单击窗口右下角的"添加到"按钮，在弹出的菜单中选择"卡片"。

　　进入选择样式页面后，选择一个卡片类型，然后再选择一个喜欢的样式、版面及背景颜色，单击"创建"按钮即可。

此时会在边栏中添加一个新的卡片项目,重命名该卡片。同时在右侧的窗格中,可以看到卡片的内容样式。

选择卡片类型

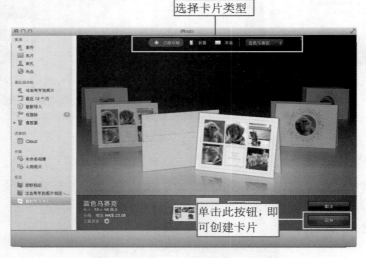

单击此按钮,即可创建卡片

单击窗口右下角的"布局"按钮,即可弹出"布局"窗格,在此处可对卡片封面和卡片内容进行布局设置。

选择卡片封面中的任一张图片，再单击窗口右下角的"选项"按钮，在弹出的"选项"窗格中，可以为该图片添加特效效果。

编辑好卡片后，单击应用程序菜单栏中的"文件"|"打印"命令，在弹出的"打印"对话框中进行相关的设置后，就可以轻松利用打印机打印出个性化的卡片。

3. 制作日历

如果你有看日历找节日的习惯，不妨利用 iPhoto 来制作一个专属我们自己的日历。

选择要制作为日历的多张照片，再单击窗口右下角的"添加到"按钮，在弹出的菜单中选择"日历"。

进入选择样式页面后，先选择一个日历的主题，再单击"创建"按钮，然后在弹出的对话框中设置日历的起始日期和总数量，最后再选择所属国家。

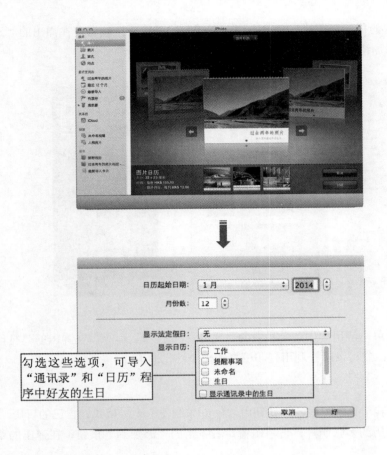

勾选这些选项，可导入
"通讯录"和"日历"程
序中好友的生日

设置完成后单击"好"按钮，即可创建日历。此时，在边栏中同样会添加一个新的日历项目。

任选一份日历中的照片，然后单击窗口右下角的"布局"按钮，即可弹出"布局"窗格，在
此处可对日历中的照片进行布局设置。

双击某日历，进入该日历的页面，然后再选择下方的日历部分，即切换到日历的底部。

在日历部分的不同日期中还可以输入待办事项或其他文字。单击某一日期，即可弹出文本框，然后再输入待办事项即可。

单击窗口右下角的"选项"按钮，即可弹出"选项"窗格，在此处可对文本框中文字内容进行设置。

对文本框中的文字内容设置完成后，单击文本框左上的角关闭按钮，关闭文本框。此时，即可在日历中显示之前设置完成的待办事项。

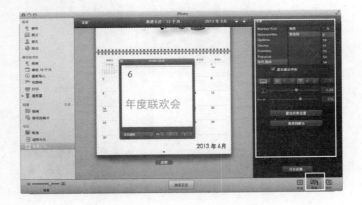

如果我们对日历中的照片不满意，还可以更换照片。双击某日历，进入该日历的页面，接着单击窗口右下角的"照片"按钮，即可弹出"照片"窗格。

在"照片"窗格中，选择满意的照片，然后再利用拖动的方法，将该照片拖动到日历上方的照片中，释放鼠标后，即可完成对日历照片的更换。

对日历的编排完成后，选择应用程序菜单栏中的"文件"|"打印"命令，在弹出的"打印"对话框中进行相关的设置后，同样可以将日历打印出来。

8.3.8　分享照片

如果用户对自己所拍摄的照片十分满意，还可以与朋友一起分享这些靓照。

首先选择要与朋友分享的照片，接着单击窗口右下角的"共享"按钮，在弹出的菜单中选择一种分享照片的方式（这里选择以"信息"为媒介，将照片与朋友分享）。然后在弹出的对话框中的"收件人"字段中，输入朋友的"信息"账户，再单击"发送"按钮即可。

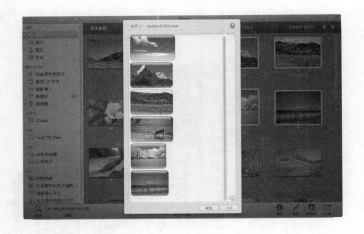

8.3.9 打印照片

要想将 iPhoto 中的照片打印出来，需要注意的是，在打印前，要先确定打印机已与 Mac 连接上了，并已打开了电源。

选择要打印的照片，单击应用程序菜单栏中的"文件" | "打印"命令，然后在弹出的对话框中设置各项打印参数，再依次单击"打印"按钮即可。

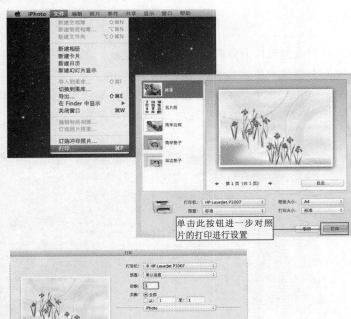

8.3.10　快捷打印

如果有一堆需要打印的文件，每次都选中一个文件再选择"打印"命令显得十分麻烦，其实在 Mac 中有一个十分简单的方法能快速打印想要打印的文件。

单击 Dock 工具栏中的"系统偏好设置"图标，在出现的窗口中单击"打印机与扫描仪"图标，此时将弹出"打印机与扫描仪"偏好设置窗口。

在"打印机与扫描仪"偏好设置窗口的左侧边栏中选中当前计算机中的打印机名称，再将其拖至桌面上，即可在桌面上为当前打印机创建一个图标，选中想要打印的文件拖至这个打印机图标上即可将打印任务发送至队列中。

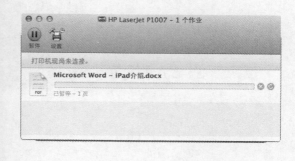

8.3.11　调整图片方向

Mac 中的"预览"功能十分方便且实用，如选中一幅图片可以将其裁切，只保留需要的部分，此外它还可以调整图片方向等操作。

首选选中一幅图片按 command + R 组合键即可将图片按照顺时针的方向进行旋转 90°，再按一次则旋转 180°，以此类推，每按一次 command + R 组合键，就会以 90° 为基准递增，直至图片旋转一周。

秘技一点通101

在旋转图片角度时，可以同时选中多张图片，再按下 command + R 组合键进行批量旋转。

秘技一点通102——快速删除图像

选中一幅图像按下 空格键 可直接预览，这时在预览窗口中按 ⌘ + delete 组合键可快速将图像删除，这个方法对文件夹同样有效。

秘技一点通103——快速裁切图像

在预览图片窗口中当拖动光标选取想要裁剪的区域后，按 command + K 组合键可快速将图片进行裁剪。

秘技一点通104——放大及缩小图像快捷键

在图像预览窗口中，打开某一幅图像按 command + + 组合键可以将图像放大显示，按 command + − 组合键可以将图像缩小显示。

在图像预览状态下按 \ 键即可出现放大镜，移动放大镜至任意一个自己想观察的地方都可以看到图像的细节部分。

8.3.12 转换图像格式

有时候在更改背景或者做设计的时候需要转换图片的格式，在这里利用 Mac 本身自带的"预览"程序就可以转换图像的格式，如将 JPG 格式转换成透明格式的 PNG 格式。

首先选择一个自己喜欢的图像打开。

选择菜单栏中的"文件" | "导出"命令，在弹出的对话框中"导出为"右侧的文本框中输入"麦田"，再给图片指定一个位置，单击"格式"右侧的下拉列表，选择"PNG"，完成后单击"存储"按钮即可。

秘技一点通 105

除了可以导出 PNG 格式的图像外，还可以将图像导出为 PDF、TIFF 等格式以方便在不同的程序中使用。

8.4　Photo Booth

Photo Booth 是 Mac 自带的一款有趣的拍照工具，使用其可拍摄出有趣的照片和视频。

打开 Photo Booth，会发现所有通过 Photo Booth 拍摄的资料都显示在照片列表中，而通过照片列表就可以了解照片的类型。

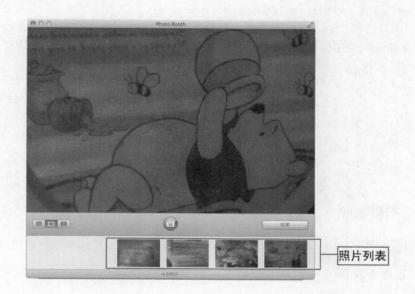

默认情况下，Photo Booth 所拍摄的照片格式为 JPEG，视频格式为 MOV。所有照片和视频都存储在"~/图片/Photo Booth 图库"中。在 Finder 窗口中的"图片"|"Photo Booth 图库"上单击鼠标右键，从弹出的快捷菜单中选择"显示包内容"命令，即可进行查看。

8.4.1　拍摄照片

在 Photo Booth 中拍摄照片可通过单击拍照按钮、按 return 键或者 ⌘ + T 组合键共 3 种方式进行。

在拍摄时，按住 shift 键可以关闭闪光灯；按住 option 键可以关闭 3 秒倒计时；按住 shift + option 组合键可以同时关闭闪光灯和 3 秒倒计时。

秘技一点通 106

如果要在 3 秒倒计时前取消拍摄，可按 esc 键。

如果想永久关闭闪光灯，则执行 Photo Booth 应用程序菜单栏中的"相机"|"启用屏幕闪光灯"命令即可（取消选中的"启用屏幕闪光灯"命令）。

8.4.2　拍摄联照

在 Photo Booth 中，我们可以使用 Photo Booth 的 4 联拍快速地捕捉拍摄对象的瞬间表情。

1. 拍摄 4 联照

单击工具栏上的 4 联拍按钮，然后按 return 键即可一次连续拍摄 4 张照片，而且 Photo Booth 会将这 4 张照片显示为一张照片。

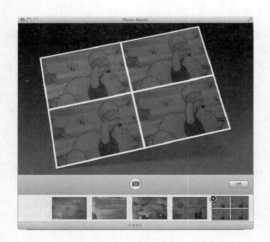

秘技一点通 107

虽然 Photo Booth 将这 4 张照片显示为一张照片，但它们在 Photo Booth 图库中是以独立的照片存储的。

2. 查看其中一张照片

在预览窗口中单击 4 联照中的其中一张照片，即可单独查看该照片，再单击一次则返回 4 联照。

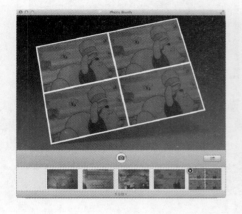

8.4.3　使用效果

为什么说 Photo Booth 是一款有趣的拍摄工具呢？原因就在于它的效果。使用 Photo Booth 的效果可以将原本平淡的照片别作出奇特的效果。

单击工具栏中的"效果"按钮，即可显示出效果九宫格。

1. 预览效果

在效果窗口中，单击左、右箭头按钮，即可预览上一页或下一页的效果。单击任一效果即可对照片使用该效果。

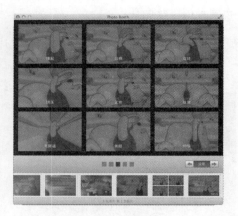

秘技一点通 *108*

　　每个效果九宫格中间的效果都是照片的原始效果。

2. 选择效果

　　在效果九宫格显示模式下，可以通过按数字 1~9 来选择不同的效果，其顺序为从下到上，从左向右。也可直接在效果九宫格中单击选择需要的效果。

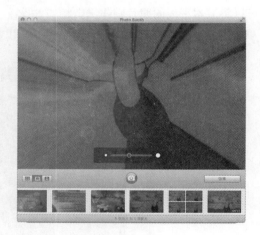

3. 自定义效果

　　在效果的最后一栏就是用户背景，也可以将任意图片或影片拖入到用户背景中，以作为背景图片。当然，如果对用户背景中的图片不满意，无须删除，只要重新再拖入一张图片即可。

8.4.4　摄影影片

单击工具栏上的"录制影片剪辑"按钮，然后再按 return 键即可进行影片的拍摄。

1. 暂停拍摄

在拍摄影片的过程中，单击工具栏上的"停止"按钮或者按 esc 键，即可停止影片的拍摄。

2. 剪辑影片

在照片列表中单击影片，即可在窗口中播放该影片。在播放过程中按 空格键 即可暂停播放，将鼠标指针移至播放窗口中即可显示播放进度条，拖动播放进度条中的滑块可快速调整播放的进度。

8.4.5　管理照片

在 Photo Booth 中，照片会以缩略图的形式显示在窗口下的照片列表中，单击不同的照片就会在预览窗口中显示。

1. 幻灯片播放

执行 Photo Booth 应用程序菜单栏中的"显示"|"开始播放幻灯片显示"命令，就可以以幻灯片形式来查看所有的文件。

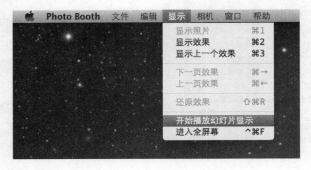

2. 选择照片

在照片列表中，单击即可选中照片，按住 ⌘ 键单击可以一次选择多张照片，按住 shift 键单击可以选择多张连续的照片。

3. 使用照片

在照片列表中，直接将照片或视频拖动到桌面或者文件夹中，即可拷贝该照片或视频。

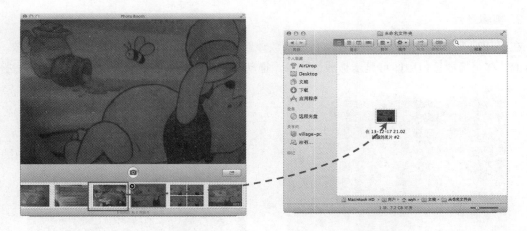

4. 翻转照片

在照片列表中先选中照片，然后执行 Photo Booth 应用程序菜单栏中的"编辑"|"翻转照片"命令，即可将该照片进行水平翻转。

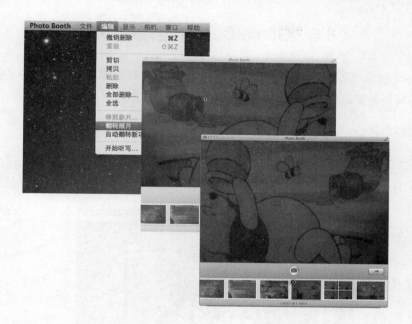

5. 删除照片

在照片列表中选中要删除的照片，执行 Photo Booth 应用程序菜单栏中的"编辑"|"删除"命令或者直接在照片列表中单击被选中照片左上角的删除⊗按钮又或者按 delete 键，都可以删除该照片。

6. 导出照片

在照片列表中选择照片，执行 Photo Booth 应用程序菜单栏中的"文件"|"导出"命令，在弹出的"存储"窗口中，选择要存储的名字和位置，即可将照片导出。然后再打开 Finder 窗口，即可在刚才存储的目录文件下找到此照片。

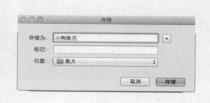

8.5 Game Center 游戏中心

Game Center（游戏中心）是苹果公司开发的供游戏玩家进行游戏及社交的网络平台，在这里，除了整合了很多精品各类游戏之外，还可以邀请好友在线上一起畅玩。

8.5.1 登录游戏中心

单击 Dock 工具栏中的图标，进入 Launchpad 模式中单击图标，然后会弹出游戏中心主界面，输入 Apple ID 和密码，单击"登录"按钮，即可登录游戏中心。

当新注册用户初次登录时会显示相关条款，确认勾选"我已阅读并同意这些条款和条件"复选框，再单击"接受"按钮，之后在弹出的面板中输入昵称，并勾选下方的"公开档案"复选框，就可以将资料公布，这样其他玩家就能看到你的个人档案，其中包括真实的姓名，并且在公开的排行榜上显示，再单击"继续"按钮。

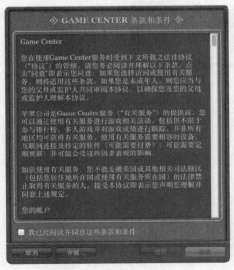

如果所创建的昵称已经被占用，此时系统会提示用户该昵称已经被使用，需要更改，单击"获得昵称建议"，此时系统会自动创建一个新的可以使用的昵称。

　　设置完昵称后，就可以成功登录游戏中心主界面，在主界面中输入状态，输入完成之后按 `return` 键即可更新。单击状态下方的"更换照片"按钮，即可更改头像。

8.5.2　开始游戏

　　在游戏中心界面中单击喜欢的游戏图标即可启动相对应的游戏程序，此时就可以开始游戏了。

　　如果该游戏没有在系统中安装，系统会自动启动 App Store，单击"免费"按钮，该按钮就会显示"安装 App"，然后再单击此按钮。

此时会弹出 Apple ID 登录框，在登录框中输入账号及密码，再单击"登录"按钮，系统就会自动下载游戏程序包。

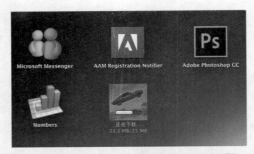

秘技一点通 109

如果用户已经登录过 App Store，此时再下载游戏程序包时就无需登录 App ID，并且也不会弹出登录框。

秘技一点通 110

在 Game Center 界面中可以单击"游戏"标签，查看已下载的游戏，还可以单击 App Store 按钮进入 App Store 下载所喜爱的游戏。

当游戏下载完成后，单击"游戏"标签，选择所要下载的游戏，单击该游戏图标即可进入该游戏。

单击游戏图标之后，在出现的新界面中再单击右侧的"玩游戏"即可启动相对应的游戏程序。

8.5.3　添加游戏

国际象棋是 Mac 自带的一款游戏，受到广大用户的喜欢，如果可以将其添加至 Game Center 中和朋友进行联网对战，将会是一件更加有趣的事情。

单击 Dock 工具栏中的 Finder 图标 ，在弹出的 Finder 窗口中选择"应用程序"｜"国际象棋"，将其打开。

选择菜单栏中的"游戏"｜"新建"命令。

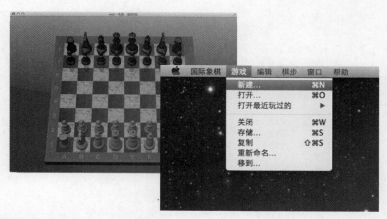

在弹出的新建游戏对话框中，单击"玩家"右侧的下拉列表，选择"Game Center 配对"命令，再选择自己喜欢的一方，单击"开始"按钮即可。

此时将弹出游戏面板，提示用户系统将自动与空闲的玩家进行配对，配对完成后即可开始游戏，同时单击下方的"邀请好友"按钮，还可以邀请自己的好友一起进行联机对战。

第 9 章　Mavericks 内置生活应用

使用 OS X 系统中内置的多个生活助力软件是整个操作系统的一大亮点，这些内置的生活应用为我们添加了诸多的便利，从十分实用的备忘录到有着丰富功能的日历等应用处处都体现了 OS X 系统的强大。本章将详细讲解经典而实用的生活应用。

9.1　备忘录

使用 OS X 系统中的"备忘录"功能记下一切事项。它就如同我们的私人助理一样，帮助我们记录生活中大大小小的琐碎事情，其简洁大方的输入界面让人随性书写。

9.1.1　操作界面

单击 Dock 工具栏中的"备忘录"图标，即可打开"备忘录"程序。

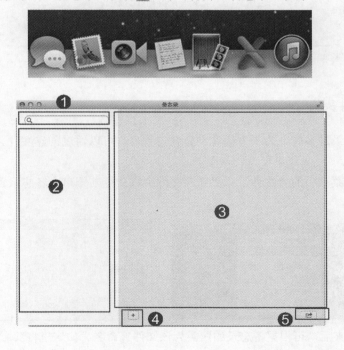

❶搜索框：输入关键字，即可快速搜索相关的备忘录。
❷备忘录列表：通过该列表可快速选择要查看的备忘录。

❸内容编辑区域：在该区域输入备忘录内容。

❹"添加新备忘录"按钮：单击该按钮，可添加一个新的备忘录。

❺功能按钮：通过单击不同的功能按钮，可以删除或共享备忘录。

9.1.2 新建备忘录

新建备忘录只须单击备忘录列表左下角的 ⊞ 按钮，或者在编辑区域单击（此方法只能在第一次创建备忘录时有效），然后再直接输入备忘的内容即可在。

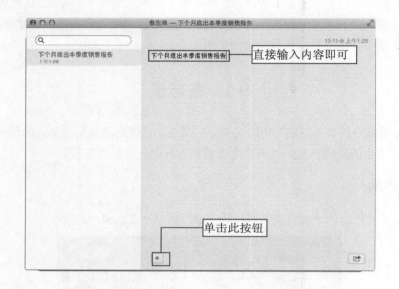

9.1.3 创建文件夹

当创建的备忘录过多时，为了方便我们查找与管理，可以通过创建文件夹并为其取一个贴近主题的文件名即可。

单击应用程序菜单中的"文件"｜"新建文件夹"命令，即可在备忘录窗口中打开边栏，并新创建一个文件夹。

创建新的文件夹后，可根据备忘录的归类为该文件夹命名。如这里将其命名为"工作计划"。

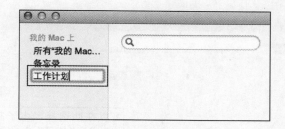

9.1.4　移动备忘录

建立好文件夹后，就可以从备忘录中选出与工作计划相关的备忘录，再利用拖动的方式，将其归类到刚创建的文件夹中。

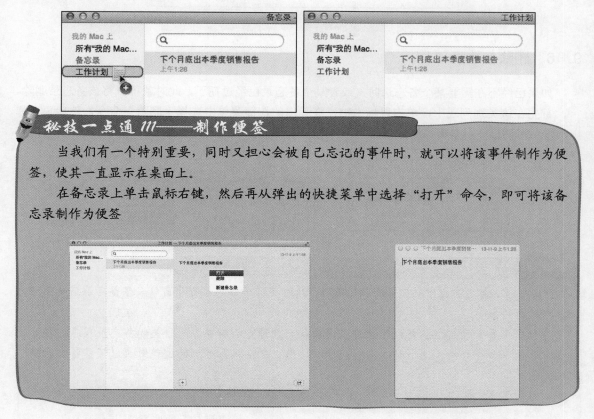

秘技一点通 111——制作便签

当我们有一个特别重要，同时又担心会被自己忘记的事件时，就可以将该事件制作为便签，使其一直显示在桌面上。

在备忘录上单击鼠标右键，然后再从弹出的快捷菜单中选择"打开"命令，即可将该备忘录制作为便签

9.1.5　共享备忘录

如果某个备忘录需要共享给亲朋好友，可以单击"共享显示的备忘录"按钮，然后在弹出的菜单中选择一种方式，将该备忘录共享给亲朋好友即可。

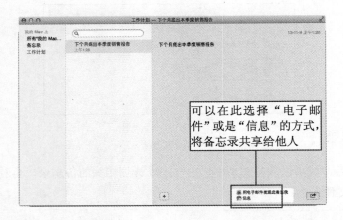

可以在此选择"电子邮件"或是"信息"的方式，将备忘录共享给他人

9.1.6 删除备忘录

如果已经不在需要某个备忘录时，或者某个备忘录已经过期了，此时就可以将该备忘录删除。

首先在该类别列表中，单击鼠标右键，在弹出的快捷菜单中选择"删除"命令，然后再在弹出的提示对话框中，单击"删除备忘录"按钮即可。

秘技一点通 112——备忘录小窗口预览

单击 Dock 工具栏中的"备忘录"图标，此时将弹出备忘录程序窗口，在备忘录窗口中可以添加新的备忘。

双击所添加的备忘录标题，此时将弹出备忘录预览小窗口，同时关闭备忘录程序，预览小窗口也不会受影响，这个贴心的功能可以使用户在编辑备忘录的过程中快速预览备忘录的编辑情况。

9.2　日历

日常生活中，每个人都会把自己的工作计划、行程安排得井井有条，充分利用每一分钟，让每一天都过得很充实。在 OS X 系统中，又要怎样适当地安排时间来配合这些行程呢？答案当然是系统自带的"日历"数字助理了。

9.2.1　日历的操作界面

它就像一本万能的日历，你可以随时打开它来记录工作、会议、出差事宜、朋友聚会、集体活动等大大小小的事项，而且还能设置提醒。

单击 Dock 工具栏中的"日历"图标 ，即可打开"日历"程序。

此图标会显示当天的日期

"日历"界面原则上可分为 3 个重要项目栏，以及用来进行操作的上下功能栏，要理解这套软件非常容易。

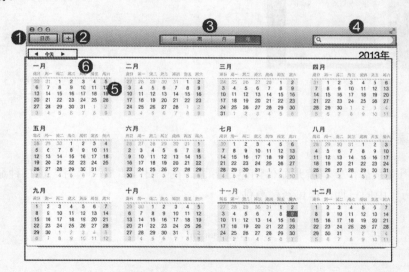

❶日历事件：显示所有事件分类名称、颜色或共享状态。

❷创建快速事件：只须在字段中输入字符串，例如"电影：周五晚 7 点"，"日历"就会聪明地在星期五的日期新建该事件。

❸切换显示单位：可以根据个人的喜好，切换不同的显示单位来新建与浏览事件。

❹搜索框：当我们在"日历"中创建了多个事情时，可通过搜索框快速查找特定的事件。

❺事情显示区域：会根据不同的显示单位显示不同的界面，在"年"显示界面下，双击想要新建事件的日期会进入到"月"显示界面；在"周"与"月"的显示界面下，单击想要新建事件的日期则可快速新建事件。

❻切换日期：除了帮助我们快速回到当天的"今天"按钮，左右箭头则会根据显示单位不同而变更为前后日、前后周、前后月与前后年的快速切换。

9.2.2　创建日历类别

开始创建日历前，第一件事就是先设置日历的类别，以免"日历"的界面被工作事务、生活杂事给塞满，使人眼花缭乱。

单击应用程序菜单中的"文件"|"新建日历"命令，然后再选择要新建日历类别的位置，接着输入该类别的名称，例如家庭、工作、活动等。

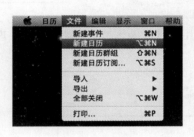

9.2.3　新建事件

设置完日历类别后，接着就是如何创建日历了。在"日"、"周"、"月"这三种显示模式下，只须双击"日历"中的日期，即可新建事件。

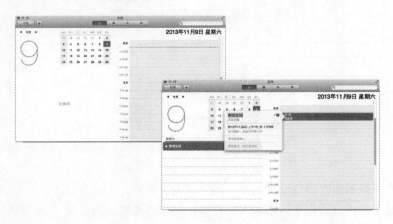

除了双击日期来新建事件外，还可以通过以下几种方法来新建事件。

- 在日期中，单击鼠标右键，在弹出的快捷菜单中，执行"新建事件"命令。

- 单击界面左上角的"创建快速事件"按钮 +，即可快速新建指定日期的事件，例如新建"明天"事件。

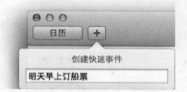

- 执行应用程序菜单栏中的"文件"|"新建事件"命令，也可快速新建指定日期的事件。

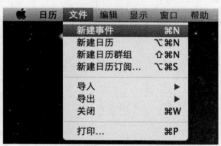

9.2.4　编辑事件

新建好事件的标题后，下面就来编辑事件的内容。

在"日历"中双击已创建好的事件，会弹出以下对话框。

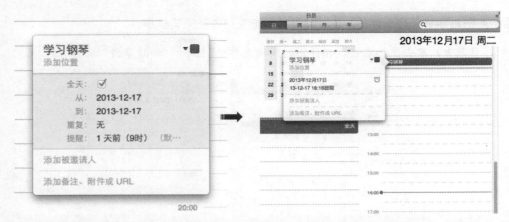

接着来设置事件的发生时间。如果该事件要进行一整天，则可勾选"全天"选项；如果该事件只进行几个小时，则取消勾选的"全天"选项，再设置开始与结束的时间。

如果在通讯录中有要邀请的朋友，则可添加被邀请人，然后再给他们发邮件或信息。

对事件的各项内容都编辑完毕后，即可再次双击事件的标题，以查看该事件。

9.2.5 设置周期性事件

在日常生活中，有些事件是每周、每月都固定要做的。例如，每周要开一次例会；每月都要缴的水费、电费等。此时我们就可以设置事件的周期性，让其"自动重复"，并为这些事件设置提醒。

假设每周我们都要出去学钢琴,那么接下来我们就来将前面已经创建好的 "学习钢琴" 事件,设置为 "每周" 要发现的事件。

设置完成后,返回到 "日历" 界面,即可看到,从设置当月开始,每以后每周的同一天都加上了 "学习钢琴" 事件。

9.2.6 设置闹钟提醒

为避免某些事件被遗忘而忘记了执行,可以为之设置提醒,等到事件即将开始时,就会收到提醒通知。如在事件执行的前一段时间发送提醒邮件、播放声音或通过脚本运行指定的提醒程序等。

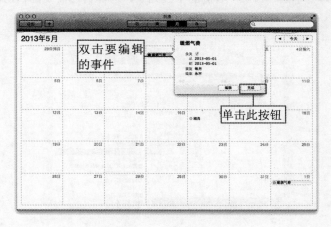

如果要设置闹钟，用鼠标在"提醒"右侧单击，即可弹出提醒方式菜单，这里选择"带声音的信息"。

当我们选择"带声音的信息"后，就会出现闹钟提醒的设置，包括用哪种声音提醒，以及多久之前提醒等，设置完成后，下次查看该事件的详细信息时，就会显示闹铃的信息。

设置好闹钟提醒后，时间一到"日历"就会提醒我们该做的事情。即使我们没有打开"日历"程序，系统还是会自动弹出提醒界面。

9.2.7　在 Mac 中使用"佛教日历"、"波斯日历"

在最新版本的 OS X 中是可以查看除普通日历之外的其他国家的日历，例如"佛教日历"、"伊斯兰日历"、"印度日历"、"波斯日历"等，

在 Dock 工具栏中单击"系统偏好设置"图标 ，在弹出的窗口中单击"语言和地区"图标，在弹出的偏好设置窗口中单击"日历"右侧的下拉列表，选择自己需要的日历即可，比如选择"佛教日历"。

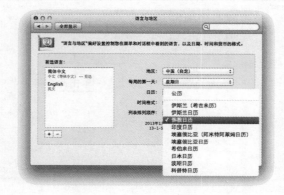

此时单击右下角的时间位置可以看到当前的佛教日历中的日期，这对于佛教人士十分有用。

9.2.8　在计算机中查看今天是今年的第几天

或许每个人都在一年的开始给自己制定了工作、学习计划，比如说有多少工作或者目标要在这一年内完成，而此时可以通过 Mac 中的日期功能添加一个"今天是今年的第几天"信息以便时刻提醒自己，安排好时间，以便在制定的日期内完成计划。

单击 Dock 工具栏中的"系统偏好设置"图标，打开"系统偏好设置"窗口中选中"语言与地区"图标，将其打开。

在"语言与地区"偏好设置窗口中单击右下角的"高级"按钮，单击上方的"日期"标签，在下方"完整"右侧的文本框中单击"星期六"按钮，然后在弹的下拉列表中选择"07"，将光标移至按钮左侧的空隙位置单击，然后添加"今年的第"，之后将光标移至按钮右侧空隙位置添加"天"，完成后单击"好"按钮。

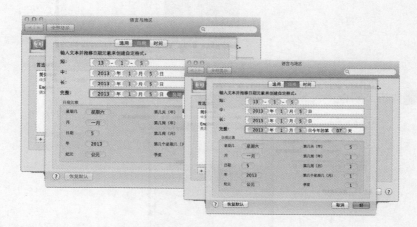

此时单击菜单栏中的日期，在出现的下拉菜单顶部位置可以看到刚才所添加的"今年的第××天"信息。

秘技一点通 113

以同样的方法可以添加诸如"今天是本月的第几天、本周是今年的第几个周"。

9.3　提醒事项

如果某些工作还没有决定具体时间，但是它也十分重要，例如"交工作月报"。对于这种时间未定的待办事项，则使用 OS X 系统中的"提醒事项"程序，就显得相当有用了。

9.3.1　操作界面

单击 Dock 工具栏中的"提醒事项"图标，即可打开"提醒事项"程序。

❶单击　按钮，则程序仅显示提醒事项列表。

❷单击 ▦ 按钮，会在边栏的底部显示日期。

❸单击 ＋ 按钮，即可新建一个提醒事项列表。

9.3.2　新建提醒事项

用鼠标在"提醒事项"列表中单击或单击列表右上角的 ⊕ 按钮，即可输入事项内容，按 return 键确认输入。

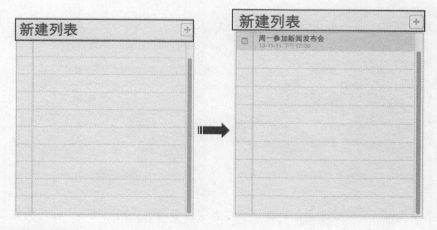

9.3.3　编辑提醒事项

创建好事项后，如果有需要添加或删除内容的地方，我们可对其进行编辑。

单击提醒事项右侧的"简介"按钮，即可打开编辑窗口。

在提醒事项中，单击鼠标右键，然后再从弹出的快捷菜单中选择"显示简介"命令即可。

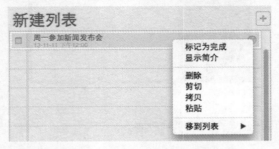

双击提醒事项，即可打开编辑窗口，以显示该事项的简介。

参加新闻发布会是很重要的一件事，因此，这里将该提醒事项的"优先级"设置为"高"，表示该事项具有极高的重要性。

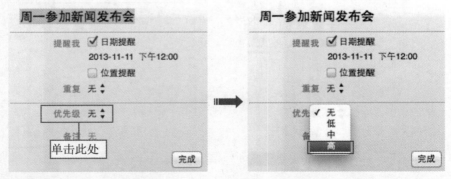

将提醒事项设置为高优先级之后，即可在列表中该事项的左侧出现 3 个红色的惊叹号。

有时候，有些提醒事项需要我们为其添加备注，以提醒我们该事项需要注意的细节之处。

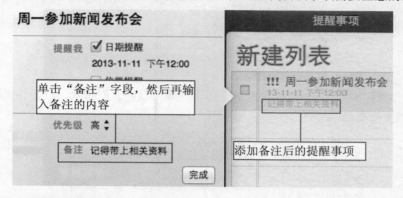

9.3.4　完成与删除提醒事项

当某个事件正在发生时，就会弹出提醒窗口。

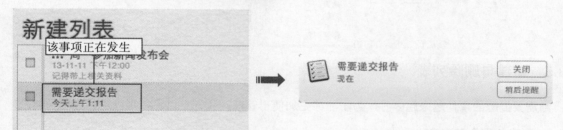

如果已完成某个提醒事项，则可将其标记为已经完成了的事项。首先在该事项中单击鼠标右键，然后再弹出的快捷菜单中选择"标记为完成"命令即可。此时，在边栏中将会自动创建一个"已完成"类别。

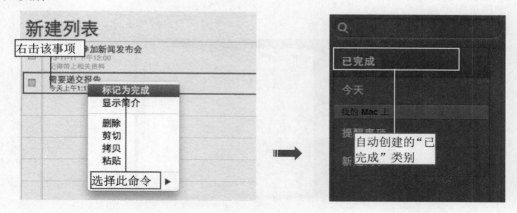

秘技一点通 114

勾选某个已完成的提醒事项左侧的粉色复选框 ☐，可以快速将该提醒事项标记为已完成。

单击边栏中的"已完成"类别，即可进入"已完成"列表，可快速查看已经完成的提醒事项。

提醒事项已经完成后，就没有再提醒的必要了，则可以将它们删除。以便让提醒事项列表中只保留未完成的提醒事项。

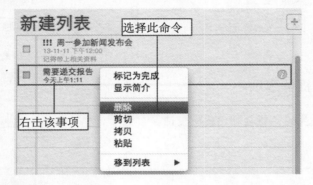

9.3.5　新建与删除列表

当需要提醒的事件越来越多时，为了能够更加便于管理，我们可以将各事项进行分门别类。

1. 创建并重命名列表

单击"提醒事项"程序窗口左下角的 ➕ 按钮，即可在边栏中创建一个新的列表。接着在该类别列表中，单击鼠标右键，在弹出的快捷菜单中选择"重新命名"命令。然后再输入新的类别名称，按 return 键确认即可。

2. 删除列表

如果在类别列表中，已经不在需要某个列表时，或者该列表中的所有提醒事项都已经完成了，此时就可以将该类别列表删除。

首先在该类别列表中，单击鼠标右键，在弹出的快捷菜单中选择"删除"命令，然后在弹出的提示框中单击"删除"按钮即可。

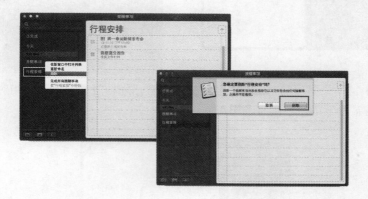

9.3.6　设置提醒事项

和通知中心类似，提醒事项也是从 iOS 中迁移到 Mac 系统中，区别在于在 Mac 系统中名字被更改为提醒事项，它的最大特点是可以结合用户所在的位置和当时的时间触发一些动作，如用户添加了一条晚饭之后去商场里买日用品的提醒，从这时开始用户的随身 iOS 设备通过定位功能发现用户到家之后就会启动闹铃提醒用户晚饭后去商场。

单击 Dock 工具栏中的 图标，打开提醒事项应用程序，如果在 Dock 工具栏中没有发现此图标，可以在 finder | "应用程序"中打开，在右侧的列表中输入新的提醒事项。

双击刚才所添加的条目，可以在弹出的小窗中设置触发条件，包括触发的时间、地点、重复次数以及优先级。当满足触发条件时，系统就会在桌面右上角通知位置发出消息提醒用户，此时可以单击"关闭"按钮，来完成此项提醒事项，也可以单击"稍后提醒"来延长提醒时间。

在提醒列表中，如果事项的时间点已经过去，或者已经被触发过，那么相对应的事件就会显示为红色，还没有被触发的事件则显示为灰色。

对于已触发过的事件，可以勾选事件前面的复选框，将其移至"已完成"列表中。

单击左侧边栏下方的 按钮，可以隐藏边栏，再次单击则可以恢复显示边栏。

单击左侧边栏下方的 ▦ 按钮，可以显示日历面板，以便查看相关历史事件；如果事件属于不同的列表，可以单击边栏底部的 ＋ 按钮，新建一个列表。

9.4　通知中心

从 Mac OS X 10.8 开始，新增了一项新的通知中心功能，这个功能是依照 iOS 开发得来的，它可以帮助我们随时关注邮件、微博、即时通信等相关动态

9.4.1　打开通知中心

在桌面中单击菜单栏右上角的 ≡ 按钮，然后弹出通知中心面板，单击其中显示的条目即可跳转至相应的页面。

如果不希望被通知打扰，可以将通知中心设置为"勿扰模式"。单击"勿扰模式"右侧的按钮可以将其关闭。

秘技一点通 115

按住 option 键单击菜单栏右上角的 ≣ 按钮，可以快速的在"勿扰模式"和"正常模式"中进行切换。

9.4.2 添加被通知的项目

用户可以在通知中心添加电子邮件、社交网站、以及新浪微博等账户，以便利用通知中心来提醒或者管理消息。

如果需要添加电子邮件或者新浪微博账号，可以单击 Dock 工具栏中的"系统偏好设置"图标，打开"系统偏好设置"窗口，然后再单击"互联网账户"图标，在弹出的偏好设置窗口中右侧位置可以选择相应的账户，比如"163 网易免费邮"，接着在弹出的窗口中输入名称及电子邮件地址等信息后单击"设置"按钮。

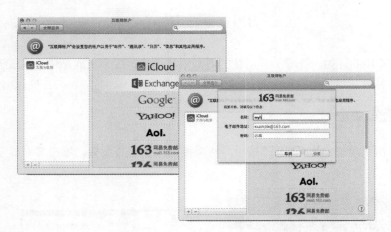

9.4.3 设置通知方式

可以单击 Dock 工具栏中的"系统偏好设置"图标，打开"系统偏好设置"窗口，然后再单击"通知"图标，在弹出的偏好设置窗口中左侧选择要设置的应用程序，在右侧可以选择提示样式为"无"、"横幅"和"提示"，在下方可以选择允许在通知中心中显示最近的几个项目，并且还可以设置不同的通知排序方式。

9.4.4 在"通知中心"添加语音提醒

有时当用户在做其他事情的时，有可能忽略了右上角通知中心弹出的文本提醒，特别是对于 MacBook Air 而言其本身屏幕不大，弹出的文本提醒框又小，所以很容易就被忽略了，此时就可以为"通知中心"添加语音提醒，这样就不会错过"通知内容"了。

单击 Dock 工具栏中的"系统偏好设置"图标![icon]，在弹出的窗口中单击"通知"图标，此时将弹出"通知"偏好设置窗口。在窗口的左侧边栏中选择自己想要设置的程序，如选择"日历"，然后在右侧勾选"播放通知的声音"复选框。

秘技一点通 116

在窗口左下角单击"通知中心，排序方式"右侧的下拉列表，可以选择通知中心中的条目排序方式，共有两个选项，分别是"手动"和"按时间"。

在"系统偏好设置"窗口中，单击"听写与语音"图标，将其打开，在弹出的窗口中勾选"有提醒信息时发出语音通知"复选框，再单击右侧的"设置提醒选项"按钮，在弹出的窗口中选择自己喜欢的"嗓音"及"提醒语"后单击"播放"按钮，可以听取通知声音效果，如果对嗓音、播放语速满意即可单击"好"按钮。如果不满意，感觉语速过快或者过慢，可以在选择完嗓音后调整"延迟"来更改语速。

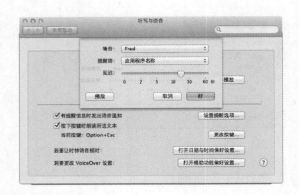

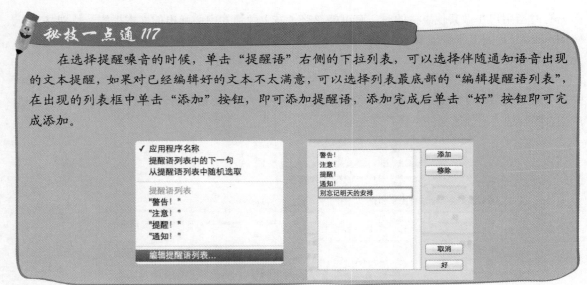

秘技一点通 117

在选择提醒嗓音的时候，单击"提醒语"右侧的下拉列表，可以选择伴随通知语音出现的文本提醒，如果对已经编辑好的文本不太满意，可以选择列表最底部的"编辑提醒语列表"，在出现的列表框中单击"添加"按钮，即可添加提醒语，添加完成后单击"好"按钮即可完成添加。

9.5 名片管理员——通讯录

写 E-mail 给朋友时，每次都要手动输入 E-mail 会不会太慢、太麻烦了呢？如何有效地管理这些联系人，并且在需要时能快速调出相关的记录呢？ OS X 系统提供的"通讯录"功能可以帮助我们很好地解决这个问题。

9.5.1 操作界面

OS X 的通讯录就是一本电话簿，里面的每一个联系人的资料都被称为名片。单击 Dock 工具栏中的"通讯录"图标，即可打开"通讯录"程序。

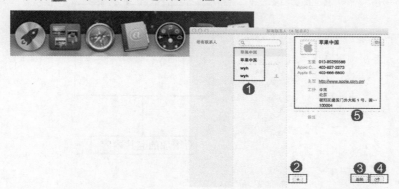

❶联系人列表：该列表中，将显示全部的联系人。

❷添加按钮：单击此按钮，即可创建新名片。

❸编辑按钮：单击此按钮，即可编辑当前名片。

❹共享按钮：单击此按钮，即可共享当前名片。

❺资料显示区域：每个联系人的个人资料就是一张名片显示在该区域中。

9.5.2　添加联系人

为了方便管理，最好按联系人的身份创建多个群组，然后添加联系人信息，并把各个联系人放至对应的群组中。

如果是第一次使用"通讯录"，默认只有自己和苹果中国这两个联系人，此时，我们可以添加联系人。单击 Dock 工具栏中的"通讯录"图标，打开"通讯录"程序。然后单击窗口下方的 ＋ 按钮，进入添加联系人页面。然后再根据字段名称输入相应的内容。

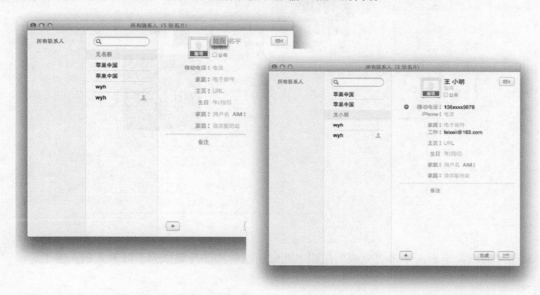

各字段相关的内容都输入完毕后，单击"完成"按钮，即可完成联系人的添加操作。

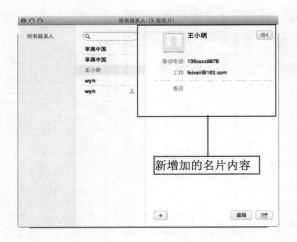

9.5.3 编辑名片内容

建立好名片后，当联系人的数据有任何变动时，我们都可以在"通讯录"的名片内容中进行修改。例如要添加联系人的照片，可以在联系人的头像上双击，在弹出的列表中选择一张图片，作为联系人的头像。

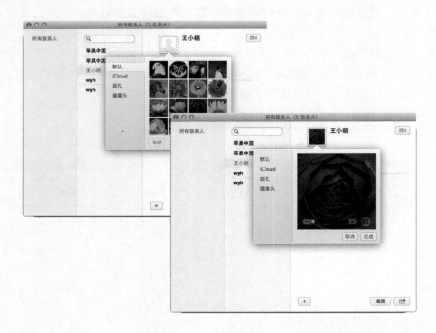

对图片编辑完毕后，单击"完成"按钮，此时所编辑的图片就成为了联系人的头像了。

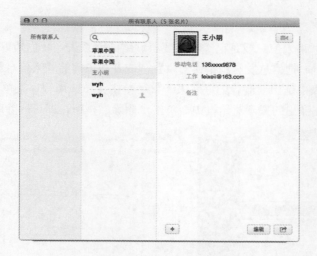

有时联系人除了有 E-mail 外，还有其他如 QQ、Skype 等通信账户。当然你也可以将它们都添加到"通讯录"中，以方便联络。

编辑好联系的人名片后，如果对联系人名字的显示位置不满意，此时可单击应用程序菜单栏中的"通讯录"|"偏好设置"命令，在弹出的"通用"偏好设置窗口中即可选择名字的显示位置。如这里将名字显示在"姓氏之后"。

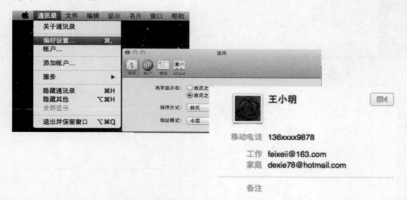

9.5.4 删除联系人

对于已经失效的联系人信息或是已经不需要再联络的联系人，我们最好将它删除，避免以后发送信息给该联系人时，把信息发送到错误的位置，或者和正确的联系信息相混淆。

首先在联系人列表中选中要删除的联系人，接着单击菜单应用程序菜单栏中的"编辑"|"删除名片"命令，然后在弹出的提示对话框中，单击"删除"按钮，即可删除联系人。

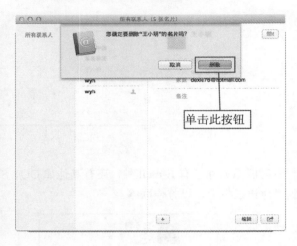

9.5.5 创建联系人群组

当联系人的数量越来越多时，就可以对其进行分组。例如，家人、朋友、同事等，这样也方便我们查找联系人。

单击应用程序菜单中的"文件"|"新建群组"命令，即可在"通讯录"中创建一个未命名的群组。

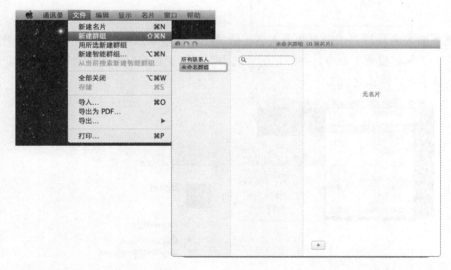

创建新群组后，根据联系人的归类为该组输入一个组名。例如这里命名为"亲友"。

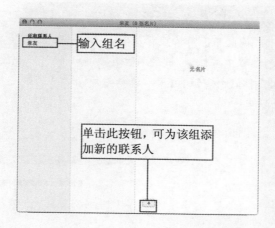

建立好群组后，还可以从所有联系中选出朋友的名片，再利用拖动的方式，将其归类到刚创建的群组中。

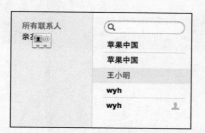 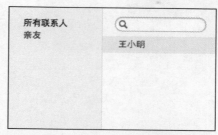

如果不小心归错了类别，将不是亲友的名片拖动到了"亲友"群组中，不用担心，我们可以选中群组中的名片，然后再执行"编辑"|"撤消添加到群组"命令，即可将该名片从群组中删除。

 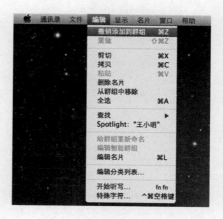

秘技一点通 118——删除光标后面的内容

　　在 Mac 部分机型中，键盘左下角位置有一个 fn 键，它的作用是辅助其他键来实现一些操作，利如在文本编辑的过程中按住 fn 键的同时再按 delete 键可以删除光标后面的文本内容。无论光标后面有任何内容此技巧均适用，包括图片、标点等等。

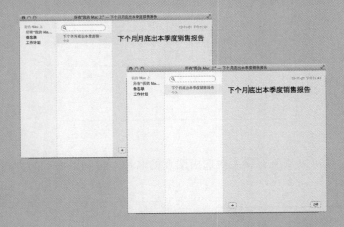

第 10 章　应用的获取、安装及使用

有时候因为工作或生活需要又或是 OS X 并不能满足自己的需要，而 App Store 的出现令我们十分欢喜，它是苹果操作系统中最为实用的应用之一，它的中文名称为苹果商店，顾名思义，在这款应用中可以找到自己所需的一切苹果公司自家的或者使用第三方应用来拓展自己的系统。

10.1　搜索及下载软件

10.1.1　操作界面

单击 Dock 工具栏中的 App Store 图标，即可打开 App Store 窗口。

在 App Store 窗口的上方有 5 个标签，单击不同的标签可进行相应的页面。

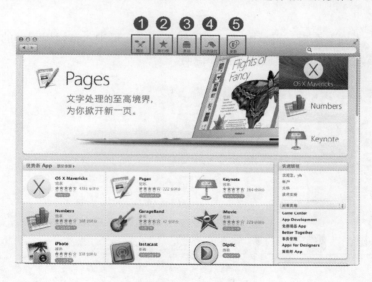

❶精选：App Store 推荐的最新、最热门的应用程序。

❷排行榜：App Store 中应用程序销售的排行榜。

❸类别：可根据不同的类别来查找所需的应用程序。

❹已购项目：在该页面中会列出用户下载过的应用程序。

❺更新：用户下载或购买的应用程序如有更新版本，就可在此处进行更新。

10.1.2 浏览软件

如果要想快速浏览应用程序，可以通过"类别"来实现。

切换到"类别"标签，即可看到以不同类别来显示的应用程序，然后再根据我们的需求进一步浏览应用程序。如要想浏览娱乐类的应用程序，则单击"娱乐"类别即可。

进入"娱乐"类别页面后，再单击感兴趣的娱乐程序，可进入该娱乐程序的简介页面，在该页面中可以浏览该娱乐程序的经典画面及详细说明。

10.1.3　搜索软件

如果用户已经知道了某款软件的名称，还可以用关键词来进行搜索。在窗口右上角的搜索框中输入要搜索游戏的关键词，如搜索关键词 free，然后再按 return 键确认。系统会自动列出与关键词相关的应用程序，以供用户选择。

10.1.4　下载免费软件

App Store 是一款非常人性化的软件，在窗口的右侧列出了付费软件与免费软件，这样就能大大提高我们选择软件的快速性。

在右侧找到"热门免费 App"列表，在该列表中列出了免费软件下载量在前十名的软件。

如果该列表中没有我们所需要的软件，则单击"显示全部"按钮，即可在页面中显示全部的免费软件。

单击感兴趣的软件右下角的"免费"按钮，再单击"安装 App"按钮，接着在弹出的对话框中输入 Apple ID 和密码，再单击"登录"按钮即可下载该免费软件

秘技一点通 119

下载软件时，系统自动将下载程序转到后台进行，用户还可以继续进行其他操作。

下载软件时，软件图标显示为灰色不可用状态，并在图标下方显示下载进度条。下载完成后，还原软件本身的颜色。

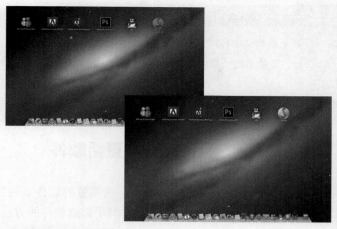

软件安装好后，双击该软件图标即可打开该软件。

10.1.5 下载付费软件

下载付费软件的流程与下载免费软件的流程基本相同。首先在右侧找到"热门付费 App"列表，将鼠标指针移至软件上，即可看到该软件的价格。如果用户账户中的余额足以购买该软，则可按下载免费软件的方式进行购买。

秘技一点通 120——获得软件的方法

要想获得软件，有以下两种方法。

从 App Store 中获得：打开 App Store，接着选择需要的软件，然后再登录 Apple ID 即可购买或是免费下载。

从网络上下载：在网络中搜索并下载 OS X 系统所需要的软件。

10.2　安装、卸载及更新软件

学习了软件的下载后，接下来学习软件的安装方法，将需要的软件安装到电脑中，并详细讲解了软件的更新方法。对于不需要的软件，本节也详细讲解了卸载软件的方法。

10.2.1　安装软件

在 OS X 系统中，软件安装文件的扩展名为".dmg"。安装软件的方法有以下几种。

- 系统下载完软件后，会自动将其安装。
- 利用拖放快捷方式安装。
- 以向导方式安装。

1. 自动安装

如果软件可以从 App Store 找到，则购买或免费下载后，系统会自动将其安装上。

2. 直接拖放

当用户从网络中下载获得应用程序后，双击.dmg 图标打开窗口后，将与软件同名的图标，直接拖放到边栏的"应用程序"文件夹上即可。

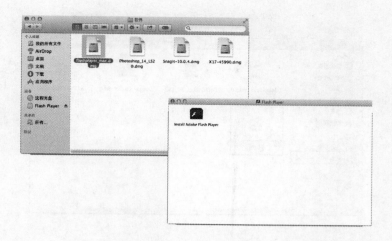

完成拖放完成后，切换到"应用程序"文件夹中，然后再双击该图标即可启动程序。

3. 以向导方式安装

软件下载完毕后，若其提供了安装向导，则在双击.dmg 文件后，会打开已经设计好的安装流程，只要按照流程一步步地进行，就能顺利完成软件的安装。下面就以安装 Sogou 输入法为例来进行介绍。

在 Finder 窗口中双击 sogou_mac_26b.dmg 文件，在左侧边栏的"设备"列表中就会多出一个"搜狗输入法"项，并且在该项的右侧有一个图标。

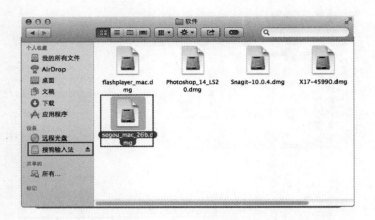

与此同时，会弹出一个关于安装的协议窗口，单击"同意"按钮，之后会弹出一个窗口显示的是下载后的"sogou_mac_26b.dmg"盘的内容。

双击"安装搜狗输入法"，进入安装界面，虽然每个应用程序都不一定相同，但基本的操作方法是不变的。在安装界面中单击"安装"，跳过版权说明与软件使用协议等相关设置。

接下来就是安装操作了。如果窗口的顶部显示"在'Macintosh HD'上进行标准安装"，表示这个应用程序默认会安装在 Macintosh HD 硬盘上。单击"安装"按钮，OS X 会询问计算机管理员的账户密码，输入后即开始安装操作。

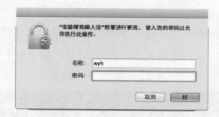

10.2.2　软件的卸载

和安装软件一样，卸载软件也是我们日常操作中最常做的，下面就来看看如何卸载软件。

1. 直接移除

如果安装软件时，是直接利用拖放方式将软件拖放到"应用程序"文件夹时，就可以直接将软件拖动到"废纸篓"中，将其移除。

2. 利用快捷命令移除

在"应用程序"文件中，选择要移除的软件，单击鼠标右键，在弹出的快捷菜单中选择"移到废纸篓"命令，即可移除软件。

3. iOS 新潮的移除方式

对于从 App Store 下载安装的程序，还有一个比较新潮的移除方法，即单击 Dock 工具栏中的 Launchpad 图标，进入 Launchpad 模式，然后按住某个图标不放，当图标抖动起来时，单击图标左上的⊗按钮，然后在出现的对话框中单击"删除"按钮即可。

4. 使用软件的自动移除程序来移除

在 Finder 窗口中双击"搜狗输入法"文件后，在弹出的窗口中双击"FITFIT 卸载程序"文件。

接着在弹出的提示对话框中，单击"打开"按钮，即可弹出"卸载程序"窗口，然后再单击"删除"按钮，即可卸载软件

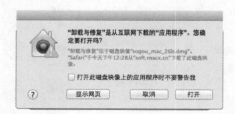

10.2.3　更新软件

如果我们下载过的软件有更新版本时，在 Dock 工具栏中的 App Store 图标的右上角会显示一

个红色的数字以示提醒。

在 App Store 窗口中，切换到"更新"标签，单击"更新"按钮，即可开始进行更新，更新时会显示更新进度条。

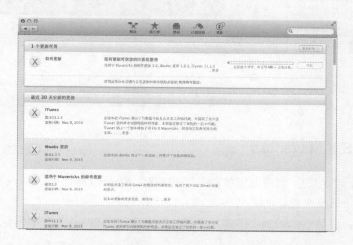

秘技一点通 121

更新完成后，App Store 图标上的红色数字就会消失。

10.3　免费安装 OS X Mavericks

如果用户的 Mac 计算机符合安装最新版本的规格，那么，下一步就是去 App Store 购买系统了。

10.3.1　下载 OS X Mavericks

单击 Dock 工具栏中的 App Store 图标，进入 App Store 在线商店。然后在左侧找到 OS X Mavericks 项目。

单击"下载"按钮之后即可跳转至下载页面，再次单击"下载"按钮即可开始下载。

10.3.2 安装 OS X Mavericks

单击"购买 App"按钮，然后要做的就是等待 OS X Maverichs 下载完毕，其共有 5.29GB，下载速度由用户的宽带速度来定。

下载完毕之后，启动 Launchpad 模式，找到"安装 OS X Maverichs"的图标，然后再双击该图标，就开始安装了。

单击此按钮

在浏览软件许可协议后，依次单击"Agree（同意）"按钮继续。

安装时系统会找到用户的启动磁盘，即 Macintosh HD 磁盘，接着单击"安装"按钮继续安装，安装完成后系统会提示用户重新启动以完成安装。

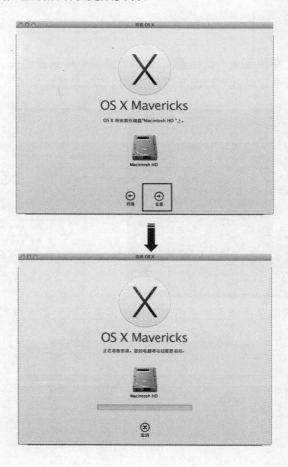

10.4 升级至 OS X Mavericks

如果你现在使用的 Mac 计算机，还是老版本的 Mac OS 系统，此时要怎么将其升级为最新版本的 OS X Mavericks 呢？本章将详细介绍如何对老版本进行升级。

在升级之前，应该先对 Mac 进行检查，以确保 Mac 能够运行 Mavericks。

10.4.1 查看系统是否符合升级的条件

OS X Maverichs 包含了许多全新的功能，所以在升级前应该查看你的 Mac 是否属于以下机型中的任一款。

- iMac（2007 年中期或之后的机型）
- MacBook（2008 年后期的铝制机型、2009 年前期或之后的机型）
- MacBook Pro（2007 年中期、后期或之后的机型）
- MacBook Air（2008 年后期或之后 的机型）
- Mac mini（2009 年前期或之后的机型）
- Mac Pro（2008 年前期或之后的机型）
- Xserve（2009 年前期）

单击屏幕左上角的"苹果菜单"图标 ，在弹出的菜单中选择"关于本机"命令，打开"关于本机"面板，在此面板中可以看到处理器的名称和内存的容量。

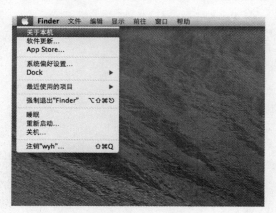

在"关于本机"面板中单击地"更多信息"按钮，进入"关于本机"窗口，接着单击"系统报告"按钮，即可查看你目前使用的 Mac 是否符合升级的条件。

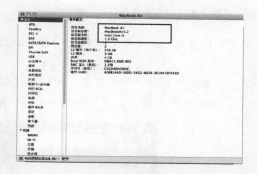

　　在上一步骤中，我们可以看到这里使用的 Mac 的型号为 MacBook Air（不同用户所使用的机型不同）。切换到"SATA/SATA Express"项目，还可查看该 Mac 的容量、序列号等。

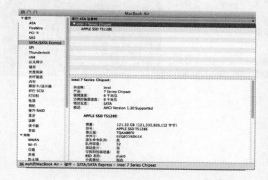

10.4.2　将旧版本系统升级为 Mac OS X 10.9

1. 升级旧版本用户

　　如果用户目前使用的是 Mac 旧版本系统（如 Mac OS X 10.8 或以前的版本），则必须要先购买 OS X Mavericks 系统来安装，安装后才能继续更新。

2. 升级 OS X 10.9 用户

如果用户目前使用的是 OS X 10.8 Mountain Lion 系统，则可通过如下操作，将其更新到 OS X 10.9。

单击屏幕左上角的"苹果菜单"图标 ，在弹出的菜单中选择"软件更新"命令，即可进入 App Store |"更新"页面，然后再单击"更新"按钮，即可下载更新该程序。

第 11 章 实用软件推荐

在本章中为读者精心挑选了多个实用软件，有了这些软件可以令自己的工作、生活更加有效率，同时通过某些第三方应用还可以对系统有进一步的开发。如强大的 Boom 软件可以增强电脑的音量，而 Magican 则增加了整个系统平台的安全性。

11.1　网络工具类

11.1.1　Firefox（火狐）浏览器

有时官方系统中自带的浏览器不能满足我们的使用要求，这时就需要功能更为完善的浏览器，在这里推荐一款使用十分广泛的跨平台浏览器，即 Firefox。它的中文译名为火狐，它是一款功能十分强大的开源浏览器，使用 Gecko 引擎，可以跨越多个平台使用，例如 Mac 、Windows、Linux，包括移动端火狐浏览器的最大优点是强大的扩展功能，可以根据实际需求安装很多实用的插件。

下载 Firefox，打开 http://www.firefox.com.cn/download/，然后找到下载按钮，单击该按钮即可开始下载。

当下载完成后，双击安装包缩略图即可在 Mac 中安装 Firefox，双击缩略图会弹出一个窗口，在窗口中将 Firefox 的图标拖至右侧的文件夹，之后"应用程序"文件夹就会出现 Firefox 的图标。

秘技一点通 122

在"应用程序"窗口中，选中 Firefox 的图标将其添加至 Dock 工具栏中就可以随时快速启动 Firefox。

在首次启动 Firefox 的时候，会提示用户将 Safari 中的数据导入到 Firefox 中，单击"继续"按钮，即可将数据导入以方便在 Firefox 中打开之前在 Safari 中所保存的标签、历史记录等项目。

当完成数据导入后将启动 Firefox，此时会提示用户是否要更改默认浏览器，这时可以根据使用习惯来选择是否将 Firefox 作为默认浏览器，单击"否"或者"是"按钮后，就可以使用 Firefox 浏览器浏览所喜欢的网页了。

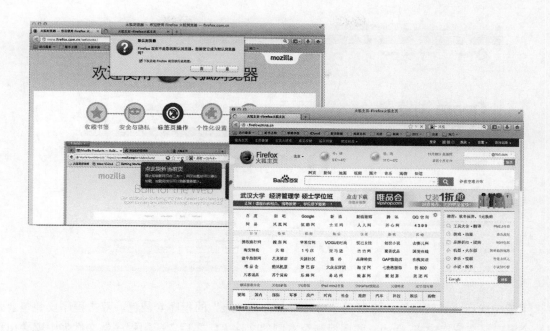

11.1.2　Opera（欧朋）浏览器

Opera 作为一款浏览器，以功能强大、上网高效、安全、极速著称，同时也是世界上最流行的浏览器之一，由于它使用独家排版引擎 Presto，所以加载速度一直是它的强项。

它具有高灵活性，由于 Opera 具有相当多的人性化功能，所以方便用户使用。它支持多页面浏览、支持换肤、鼠标手势、页面缩放以及自定义页面格式。鼠标手势是 Opera 首创的功能，还有快进、自动页面登陆、自动填写信息、会话管理、笔记、快速设置等功能，由于具有全新的鼠标手势功能，所以在 Mac 中配合手势操作，是一件令人愉悦的事情，这也是越来越多的 Mac 用户一直倾向于使用 Opera 的重要原因之一。

另一方面 Opera 的安全性在业内也十分有名气，Opera 更新十分频繁，每次发现浏览器缺陷后都会尽快升级，从一定程度上避免了很多 BUG 或者漏洞，让用户在拥有愉悦的浏览体验的同时，在安全性方面也丝毫不打折扣，据知名调查网站的调查显示，Opera 浏览器的安全性多年来一直领先于其他浏览器。

在浏览器地址栏中输入 http://www.opera.com/zh-cn，将跳转至下载页面，单击页面中的"下载"按钮，即可开始下载。

　　下载完成后将其解压缩，将得到一个后缀名为".dmg"的程序安装包，双击程序安装包会弹出一个窗口，在窗口中将 Opera 的图标拖至右侧的文件夹，之后"应用程序"文件夹中就会出现 Opera 的图标。

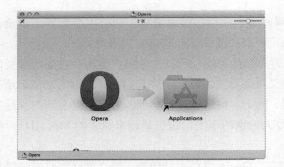 

　　在"应用程序"窗口中双击 Opera 图标启动 Opera，可以看到 Opera 浏览器的主界面。

11.1.3　Speed Download（下载工具）

Speed Download 号称 Mac 上速度最快的下载工具，Speed Download 开发者的设计理念是让用户使用最少的设置以最快的速度下载文件，它争取在不打扰用户的情况下完成下载任务并自动管理。单击链接后弹出 Growl 通知，同时开始下载。下载后可以自动操作，如压缩包自动解压，它还支持批量下载，并且附带专门的 FTP 下载/上传工具，甚至还有带宽监视功能，正如它的名字一样，在使用它的过程中让用户可以体验快速的下载以提升效率。

双击 Speed Download 图标，可以看到它的主界面共分为两个区域，在左侧可以看到当前下载任务、历史记录、服务等项目等，右侧则是列表框，在这里可以看到正在下载或者已下载的文件，同时在顶部还有地址、开始、停止等功能的按钮。

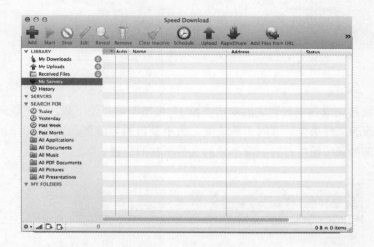

秘技一点通 123

当首次安装并启动软件时将弹出一个询问对话框，系统会提示用户是否将 Speed Download 添加至 Safari 中，如果用户单击"安装"按钮，则可以将其添加至 Safari 浏览器中，这样在下载某些文件时浏览器将自动激活 Speed Download 以更快捷的方式下载。

单击界面左上角的 按钮，在弹出的"New Download（新建下载）"对话框中的"File URL（文件地址）"右侧的文本框中输入文件地址，在下方可以选择文件下载保存的地址，在这个对话框中有一个特别的功能，单击"When done"右侧的下拉列表，可以在弹出的下拉列表中选择当下载完成后需要系统执行什么操作，如："Do nothing（什么都不做）"、"shutdown（关机）"、"Sleep

（睡眠）"、"Quit Speed Download（退出 Speed Download）"等。这项功能对于多数用户而言是十分有用的，比如需要通宵下载一个超级大的文件，在不能保证下载速度的时候可以选择"shutdown（关机）"，则计算机在完成下载任务之后，再执行关机操作。

当输入完地址并完成各项设置之后单击"Add"按钮即可开始下载，在下载的列表框中可以观察出当前正在下载的文件类型、实时下载速度、大小及日期等信息。

单击界面顶部的🔍按钮可打开当前下载的文件所在的位置。

单击界面顶部的⚙按钮，在弹出的对话框中可以自定义任务的开始时间和结束时间，当设定完时间段以后，Speed Download 会在用户设定的时间内开始或者结束下载任务。

Speed Download 支持用户从指定的 URL 下载文件，单击界面右上角的 按钮，在弹出的对话框中的 "URL" 右侧的文本框中输入 URL 地址，单击 Save downloaded files to 右侧的下拉列表，可以选择下载文件的保存位置。

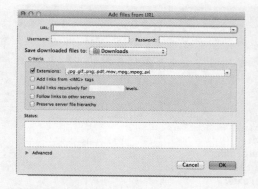

选择应用程序菜单栏中的 Speed Download | Preferences 命令，可以打开偏好设置面板，单击左侧边栏中的 My Downloads，在这里可以看到下载文件所保存的位置、下载的文件类型等选项的设置。

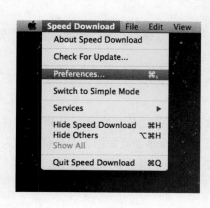

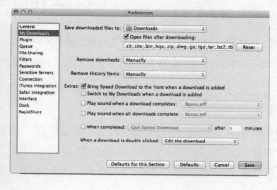

单击左侧边栏中的 Plugin，在右侧可以设置插件，而单击 iTunes Integration 和 Safari Integration 则可以设置 iTunes 和 Safari 的关联，同样还有关于密码选项的 Passwords 和在 Dock 中显示的图标设置，由于功能和设置项比较多，读者可以多仔细研究，以便享受 Speed Download 的强大功能。

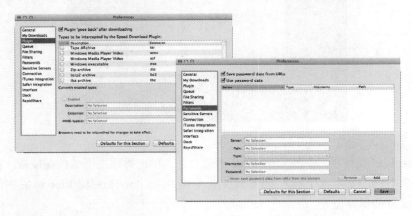

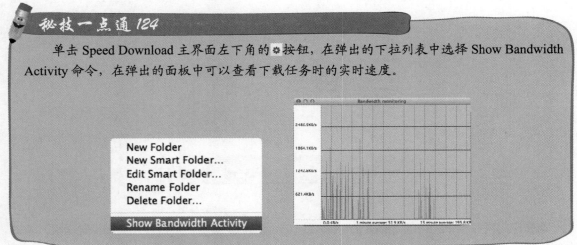

秘技一点通 124

单击 Speed Download 主界面左下角的 ✿ 按钮，在弹出的下拉列表中选择 Show Bandwidth Activity 命令，在弹出的面板中可以查看下载任务时的实时速度。

11.2 工作助手类

工作助手提供一种全自动化或半自动化操作的机制，从而通过模拟日常操作来减化工作强度，本节就来详细讲解几个常用的工作助手的使用方法和技巧。

11.2.1 Adobe Reader（阅读器）

Adobe Reader 是一款 Adobe 公司开发的功能强大的软件，它的主要功能是打开 PDF 文件，并且可以对 PDF 文件实现拼写检查、创建快照以及多种浏览 PDF 的命令，如缩放、平移、放大等浏览方式，并且在安全性方面 Adobe Reader 可以为文件设置各种安全参数设置。

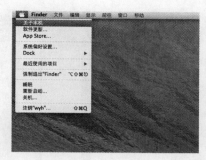

　　双击安装包开始安装软件，在安装的过程中会有许可协议需要用户确认，在安装即将完成时，会弹出一个对话框询问用户是否需要安装附加程序，这里的附加程序是指一款可以支持在 Safari 浏览器中显示、填写以及协作 Adobe PDF 的增效工具，安装完成后，在 Finder 窗口的应用程序中双击 Adobe Reader 即可启动。

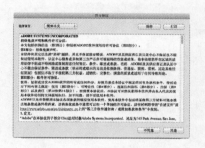 

　　当启动 PDF 软件之后是没有界面的，需要找到想要查看的文档并打开方能查看。

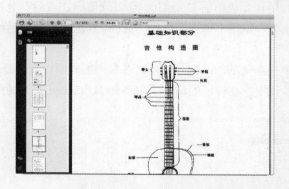

　　在打开的 PDF 文档中，主要分为两大部分，左侧是关于文档的缩览视图项，而右侧的主界面中可以查看文档，同样在顶部可以看到关于查看的各种设置项，以及各种常用按钮，如打印、共享、查找等按钮，Adobe Reader 支持鼠标滚轮操作，当滚动鼠标滚轮即可向上或者向下翻动页面，同时单击界面上方的向上或者向下按钮可以查看上一页或者下一页的内容。同时它还支持在 PDF 页面中直接截取图像，按住鼠标左键在页面上想要截取的图像部分上拖动以选中想要截取的部分，选中之后直接右击鼠标，从弹出的菜单中选择"复制图像"即可，之后可以在其他任何地方粘贴所复制的图像。

　　同时按住 option 键在页面中滚动鼠标滚轮可以缩放当前页面的视图比例，将其放大以适合查看重点部分内容，同时在左侧边栏中的页面预览视图中可以拖动页面上的红色矩形框以定位想要查看的区域。

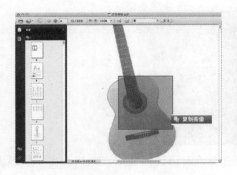

选择应用程序菜单栏中的 Adobe Reader | "首选项"命令，可以打开首选项，在这里可以设置个人使用习惯等参数。

Adobe Reader 支持启用计算机中的 OpenGL，通过硬解码在查看高分辨率图像时，能提供更精细美丽的画面，在"首选项"窗口中单击左侧的"3D 和多媒体"在右侧可以看到关于"首选渲染器"的选择。

在首选项窗口中，单击左侧的 JavaScript 可以在右侧的界面中设置是否启用 JavaScript，当启用了此项功能后，它可以让用户在调用的浏览器中享受 JavaScript 带来的便利。

11.2.2　MindNode Pro（思维导图）

MindNode Pro 是一款十分小巧的思维导图工具，没有繁琐的多余设置，响应速度很快，同时收费版本的 MindNode Pro 支持图像节点可视文件连接以及其他易用特性，实际上它是一个功能强

大且直观的思维映射应用程序，同时具备专注性和灵活性，是进行头脑风暴和组织规划生活事务的
绝佳工具，它还可以通过 iCloud 进行共享。

MindNode Pro 有以下优点：

- 单击一次即可创建新节点。
- 在原本无关联的节点之间创建交叉连接。
- 拖放即可移动或重新连接节点。
- 添加图片和链接到文件或网页。
- 在一块画布上创建多个思维导图。
- 画布可无限扩展，紧跟你思想的步伐。
- 和 iOS 端进行共享，随时随地处理文件。

当安装并启动软件后可以看到的主界面中弹出的提示，单击"思维导图"旁边的加号可以新
建节点，在新建的节点输入文本。

在当前的思维导图上右击鼠标，在弹出的快捷菜单中可以选择新建附属、新建子类等命令。

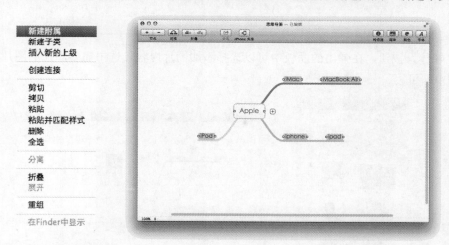

单击面板上方的"连接"按钮，可以将创建的思维导图进行连接，这一切只需要在视图中拖
动光标即可完成。

单击"共享"按钮，可以将当前创建的思维导图和随身的 iOS 设备共享，当单击此按钮后将弹出一个面板，在面板中会提示用户前往 App Store 下载 MindNode touch 至 iOS 设备中并安装，至此可以与随身设备进行连接。

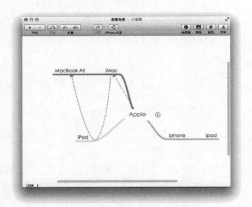

单击面板顶部的"检查器"按钮，在弹出的面板上方可以选择"文档"、"样式"和"文本"选项，通过这些选项可以对所创建样式的外观以及文本的对齐方式等。

单击"媒体"按钮，在弹出的面板中可以选择添加图片内容，选中需要添加的图片拖至正在创建的视图中即可。

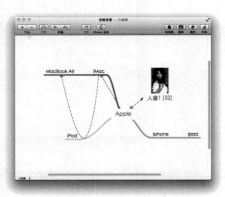

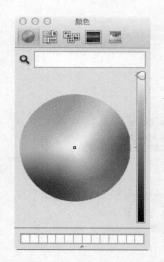

选择应用程序菜单栏中的 MindNode Pro | "偏好设置"命令，可以打开软件偏好设置窗口，在弹出的窗口中单击"常规"标签可以设置链接检查、在开启后创建新文档以及检查更新，单击"快捷键"标签，可以设置软件在创建节点时的快捷键。

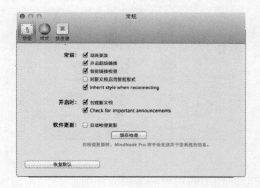
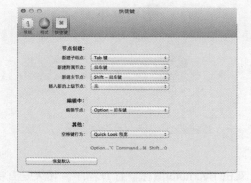

11.2.3　Evernote 印象笔记

印象笔记能帮助你记住你想到的、看到的和体验到的一切，用户可以用它记录一条文字信息、保存一个网页、保存一张照片、截取你的屏幕等。印象笔记能安全的保存这一切，并且印象笔记还支持 QQ 浏览器、飞信短信客户端等大量第三方协作应用，是一款十分受用户喜爱的软件。

印象笔记有 Mac OS X、Windows、Linux 版本，还包括移动端的 OS、Android、Windows Phone 版本，在浏览器地址栏中输入 http://www.yinxiang.com/evernote/，即可跳转至下载页面，单击页面中的"下载 Mac 版"即可开始下载安装包。

　　下载完成后，双击安装包图标，执行安装程序。当双击图标后会弹出一个窗口，在窗口中将 Evernote 的图标拖至右侧的文件夹中，之后"应用程序"文件夹就会出现 Evernote 的图标。

　　双击 Evernote 图标，打开程序，如果是首次安装并使用的用户，需要先注册。

　　在程序右侧的文本框中输入电子邮箱、用户名及密码，单击"注册"按钮即可注册一个新的账户，然后会自动跳转至程序应用界面，印象笔记的主应用界面共分为 3 个主要区域，从左至右依次是功能（视图）选择、笔记设置、编辑区域。

　　在界面左侧分别单击笔记、笔记本、地图集、高级，将切换至不同的视图，在笔记视图中可以创建属于自己的笔记，在笔记本视图中可以查看所有创建的笔记，在地图集视图中可以在地图上查看笔记，使用地图集可以通过地点来管理笔记，而高级视图中则可以将账户升级至高级账户，但这项服务是收费的。

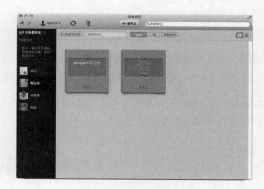

　　在笔记视图中的界面顶部位置可以看到"与印象笔记服务器同步笔记"按钮，单击此按钮可将创建的笔记与印象笔记服务器进行同步，单击此按钮后当前所创建的笔记就会保存在服务器端，在后面位置还有"通知"图标，当用户的笔记发生活动或者共享时此处将出现通知，单击

新笔记 按钮可以创建新笔记。

此外在创建的笔记中还可以添加图片、声音等项目。

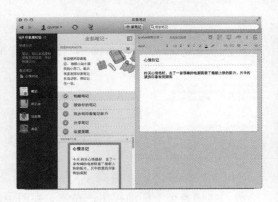 

11.2.4　StuffIt Deluxe（压缩工具）

Smith Micro 软件公司推出 StuffIt Deluxe 12，其中，Stuffit Expander 12 是免费的。新版本加入了新的压缩引擎，在压缩 MP3 音乐文件、高画质影像文件（PDF、TIFF、PNG、GIF 及 BMP 格式）等时，可改善 StuffIt X 文件格式的效率。它可压缩 24-bit 的影像而不降低影像品质，以及压缩 MP3 音乐文件档而不损坏音质。StuffIt 的文件管理功能也可能搜寻、预览与存取封存的资料。它会显示封存档中影像的预览缩图，这样便无须先解压缩就能观看。 StuffIt Deluxe 12 支持的新格式还包含 Microsoft Office 2007 与 iWork；StuffIt Deluxe 现在可压缩 Pages、Numbers 或 Keynote 文件中的任何影像或音乐片段。

11.3　系统工具类

11.3.1　Boom（音量增强）

Boom 是运行在 Mac 上的一款音量增强软件，它利用超强的软件算法保证了内置扬声器在不失真的情况下使最大音量上升到一定程度，对于有些用户而言 Mac 中的最高音量都达不到自己的要求，这时候只需要开启 Boom 就可以增强音量。

下载并安装 Boom 后，双击图标将其打开，打开后它将自动隐藏并在菜单栏中，只显示一个和程序相同的图标。单击系统菜单栏中的图标，此时将弹出一个音量调节滑块，拖动它可以增加音量。

单击滑块底部的按钮，可以打开 Boom 设置面板。

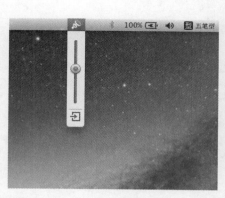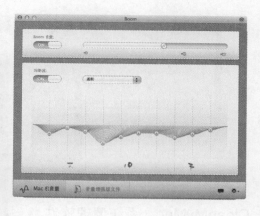

在打开的 Boom 设置面板中可以看到它的界面设计十分简洁，完全没有令人眼花缭乱的设置项，单击"Boom 音量"下方的按钮可以打开或者关闭 Boom，在开关按钮的右侧还可以拖动滑动块调整音量。

同时自带的均衡器也是一大令人欣喜的功能，单击"均衡器"下方的按钮可打开或者关闭均衡器，同时单击均衡器开关右侧的下拉列表可以选择自己喜欢的声音效果，如果对选择的效果不满意，还可以在均衡图形中拖动节点进行微调。

在菜单栏中右击 Boom 图标，可以在弹出的快捷菜单中直接选择喜欢的均衡器效果。

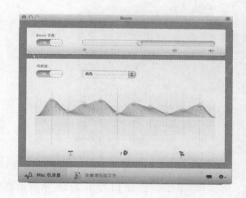

单击主界面右下角的 ⚙ 按钮，在弹出的选项中选择"首选项"，在弹出的面板中可以设置 Boom是否开机启动，并且是否关闭通知音。

单击 HotKey 标签，可以设置是否启用热键，并且还可以自定义 Boom 的热键。

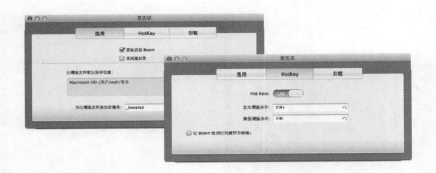

11.3.2 CleanMyMac（系统清理软件）

CleanMyMac 2 是一款功能强大的系统清理软件，由于在平时的工作、学习过程中，频繁的安装删除文件，系统中的垃圾文件越来越多，它们会降低运行速度，增加计算机负担，它的功能十分好用且实用，非常适合新手，不过如此好用的软件可不是免费的，当试用期结束之后，需要用户购买才能继续使用。

当安装完应用程度后，在应用程序中找到其图标并双击打开，可以看到软件的动画欢迎界面，伴随着优美的音乐即可开始体验软件带给用户的便利。

在主界面底部单击 Scan 按钮可开始扫描，当扫描完毕时，可以在界面中看到扫描出的垃圾文件大小，而刚才的"Scan（扫描）"按钮则变成了"Clean（清理）"按钮，单击此按钮即可开始执行清理操作。

当程序在清理的过程中可以看到清理进度以及清理过的项目，可以随时单击 Stop 按钮停止清理。

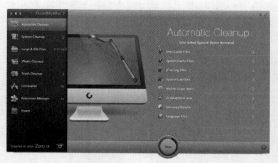

秘技一点通 125

在执行清理的过程中需要尽量关闭相关应用程序才可以进行清理。如当 Safari 启动的时候，由于 CleanMyMac 需要清理浏览器所产生的垃圾文件，这时就会弹一个窗口提示用户关闭浏览器，单击 Close 按钮即可关闭。

选择菜单栏中的"CleanMyMac 2"｜Preferences 命令，可打开当前程序的偏好设置窗口，单击 标签，在下方的选项页中找到保留的语言列表，可以看到当前程序所保留的语言包，单击 按钮可以添加语言包。

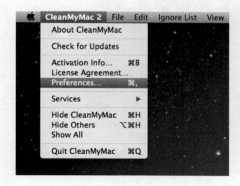

当完成清理后，单击左侧边栏中的项目可查看相应的详细信息，同时可撤选该项目前的复选框，以禁止对所选中的项目进行清理，由于涉及到部分程序或文件的信息，在清理的过程中 CleanMyMac 可能会随时提醒用户输入密码以继续，这时只需要在弹出的对话框中输入密码即可继续执行清理操作。

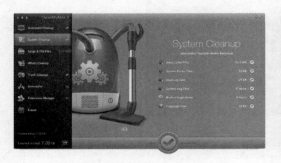

CleanMyMac 还可以清除系统中安装的第三方插件、软件以及安全删除文件，单击左侧的 Uninstaller 项目，在右侧可以看到本机中所有安装的软件等项目，勾选想要卸载的软件名称复选框，单击界面右侧底部的 Uninstall 按钮即可开始卸载。

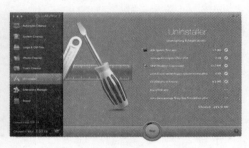

此外 CleanMyMac 还提供了一个"Eraser（擦除）"文件的功能，使用此功能可以将难以清除的软件或者插件清除且不可恢复，单击左侧 Eraser，在右侧的界面中可以看到"Select Files（选择文件）"按钮，单击此按钮可以选择计算机中想要擦除的文件，选择完成后单击底部的 Eraser 按钮即可执行擦除操作。

11.3.3　Magican（安全软件）

Magican 是 OS X 中的一款多功能实用工具软件，全面保护 Mac 是其最大的亮点所在，它的中文译名为"魔法罐头"。Magican 可以帮助用户实时监控系统数据，删除垃圾文件以保持 Mac 的清洁等。它可以检测和清除病毒，扫描硬件信息，并且可以删除不必要的应用程序，这些功能可以帮助节省磁盘空间，更令人激动的是它加入了中文语言，这样在使用过程中就更加方便了。

安装软件后将其启动，可以看到一个欢迎页面，Magican 致力于软件的功能越来越完善，所以会建议用户加入他们的用户使用体验计划，输入电子邮件后单击"提交"按钮即可。如果直接单击下方的"开始使用"即可跳过这一步，而直接进入软件主界面。

在 Magican 的主界面中可以看到计算机中的各项信息，同时软件会自动在右下角开启悬浮窗，以供用户快速的释放内存等操作。

单击主界面中的"快速扫描"按钮，即可开始扫描系统中的垃圾及病毒文件，在扫描完成后会提示用户扫描结果。

当扫描完成后，单击"清理"按钮，此时将弹出的一个对话框询问用户是将文件"删除到废纸篓"还是"永久删除"。如果选择"永久删除"选项，即可将扫描出的垃圾文件永久清理出系统且不可恢复；而如果选择"删除到废纸篓"时，可以在清理完成后找回误删除的文件。

在主界面中单击左侧的"清理"项目，在出现的二级选项中可以选择"快速清理"选项，可以在右侧的界面中看到关于清理文件的详细选项，单击项目最后面的按钮可以关闭或者打开清理。当设置完成之后单击底部的"开始扫描"按钮后，即可对文件进行扫描清理操作。

单击左侧的"重复文件"选项，可以在右侧的界面中拖入文件夹以扫描出重复文件。

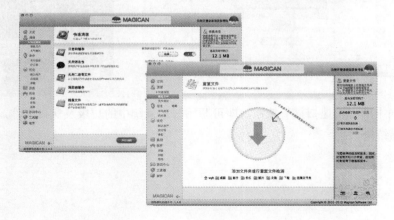

　　安全功能一直是"魔发罐头"软件中的强大之处，它不但内置了"防火墙"功能还具有"木马查杀"功能，相当于给计算机加了两道屏障从而在最大程度上保证了系统的安全。

　　单击软件左侧"安全"项目下面 "木马查杀"选项，可以在右侧的界面中看到木马查杀的结果，而单击"防火墙"则可以在右侧界面中看到计算机中所有连接至网络的程序，同时它带有控制功能，可以随时关闭可疑的进程。

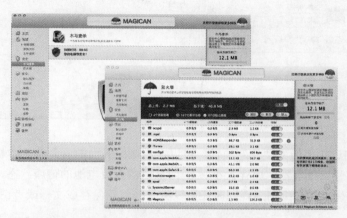

　　单击软件左侧边栏的"优化"项目，可以看到在右侧关于"默认打开项"、"开机启动项"、"系统设置"等项目的设置，在这里用户可以设置自己的计算机伴随开机启动时启动的软件。

　　选择软件左侧边栏中的"监控"项目，可以在右侧看到本机中实时监控的状态，分别单击软件界面底部的图标可以查看相应的信息。如单击第二个关于 CPU 和内存的图标，可以看到当前计算机中 CPU 的使用率及内存的使用情况，同时软件还支持随时释放更多的内存功能，单击界面中饼状图上的"释放内存"按钮，可以为计算机释放出更多的内存。

　　单击温度图标，可以看到"风扇速度控制器"界面，在这里可以查看当前计算机中主要部件的温度，并且还支持风扇的转速设置，以及更改 Mac 中的主要硬件的温度。

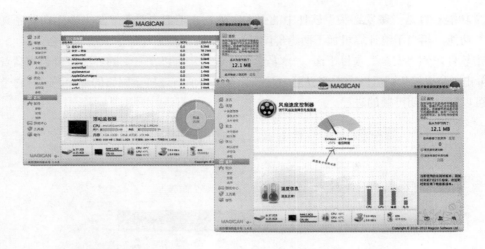

单击软件左侧边栏上的"硬件"项目，可以在右侧的界面中看到关于本机的所有硬件信息，其中包括电脑的型号、处理器、内存大小、显卡/显示器以及电池的健康状态，单击硬件名称后，可以看到关于这个硬件的详细信息，同时还可以将这些信息保存成文档或者图片。

秘技一点通126

单击软件主界面左下角的 ⚙ 按钮，可以打开软件的偏好设置窗口，然后可以设置软件是否随机启动、清理选项、监控信息等选项的设置。

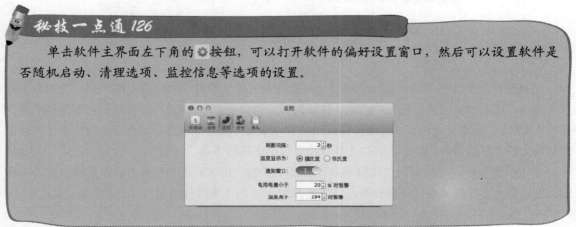

当 Magican 启动以后可以在桌面右下角看到一个悬浮窗，单击悬浮窗右侧的圆圈可以快速地

释放内存，同时在这里可以看到当前的进程及各个硬件信息。

　　单击菜单栏中的  按钮，在弹出的菜单中选择"打开 Magican 窗口"命令，可以立即打开应用程序主窗口，选择的"还原监控窗口"或者"隐藏监控窗口"命令，可显示或者隐藏应用程序窗口。

11.3.4　coconutBattery（查看电池信息）

　　众所周知 Mac 笔记本电脑的续航能力都很强，但是只要是电池始终会有老化的一天。现在有了 coconutBattery 这个软件，可以随时查看电池的初始最大容量，然后再根据最大容量，对电池寿命做出尽量精确的估计。

　　coconutBattery 的界面很简单，只有电池的信息，在 Battery charge 区域可以看到 Current charge 右侧为当前电池已经充进的电量；Maximum charge 右侧为当前电池最大电量。

　　而 Battery capacity 区域的 Cuttent capacity 右侧为当前电池的容量；Design capacity 右侧为电池的设计容量。通过对比可以看出，现在的电池容量相比电池初始状态已经损失了 663mAh。

　　而界面中 Details 区域则是电池的详细信息，包括计算机的型号、年龄、电池的温度等信息。

　　单击面板右上角的 按钮，在弹出的列表中可以保存电池的信息。

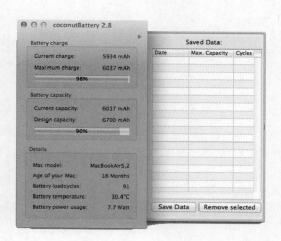

秘技一点通 127

由于 Mac 笔记本电池为锂电池，所以在平时不用的时候一定要注意保存条件，过高或者过低的温度都会降低笔记本电池的续航能力

第 12 章　系统与安全

OS X 系统中的系统备份、恢复等功能非常人性化，无论之前是否接触过 Mac 的用户都可以快速上手，并且系统本身的安全性能也十分出色。在本章中将介绍系统的维护、数据备份以及故障排除方法，通过对本章的学习就可以完全掌握 OS X 这一强大的系统。

12.1　Time Machine 备份系统

在长期使用电脑的过程中，难免会遇到系统出错、崩溃，从而导致数据丢失的情况。如果此前用户没有备份过这些数据，那么这将会是一个"毁灭性的灾难"。为了保障用户数据的安全，OS X 内置了好用的备份、还原工具——Time Machine。

12.1.1　备份系统文件

Time Machine 是一个完全自动的系统备份工具，只要用户完成第一次的设置之后，那么以后就可以从备份文件中快速导入用户账户配置和数据，而无须再从零开始设置。

1. 查看系统的大小

在使用 Time Machine 备份前，需要先查看当前系统的大小，以便于我们知道要使用多少容量的移动硬盘，才能对其进行备份。

在桌面中的磁盘图标上，单击鼠标右键，从弹出的快捷菜单中选择"显示简介"命令，然后在弹出的"'Macintosh HD'简介"面板中，可以查看该磁盘已使用的容量。

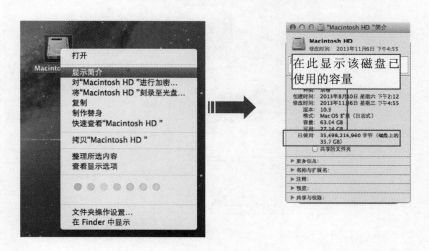

2. 设置备份磁盘

在设置 Time Machine 前，要先连接上移动硬盘。

单击 Dock 工具栏中的 Finder 图标，打开 Finder 窗口，接着单击边栏中的"应用程序"项目，然后在右侧窗口中双南 Time Machine 图标。第一次启动 Time Machine 时，会弹出提示对话框，单击"设置 Time Machine"按钮，即可进入 Time Machine 窗口。

将开/关滑块向右拖动，即可开启 Time Machine。为了减少备份文件的容量，以及加快备份的速度，最好将无须备份的资料先排除。单击"选项"按钮，然后在弹出的对话框中单击 + 按钮，接着指定无须备份的磁盘或者文件夹，单击"排除"按钮，排除完所有无须备份的资料后，单击"存储"按钮。

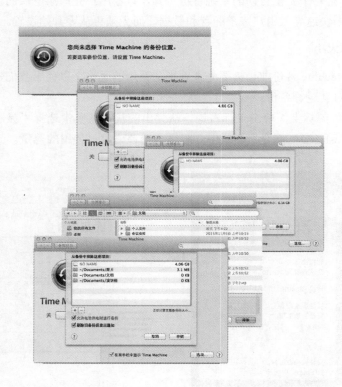

选择要用来备份的磁盘，并单击"使用磁盘"按钮。接着会弹出询问对话框，询问是否抹掉备份磁盘中的信息，单击"抹掉"按钮，此时 Time Machine 会开始倒数计时，当计时归零时，则开始备份资料。

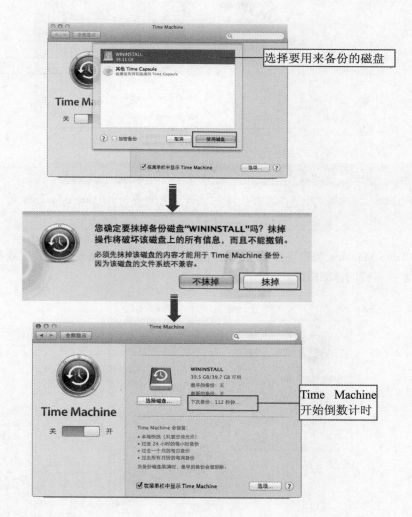

3. 开始备份

Time Machine 备份前会进行自我准备，此时，窗口中会出现蓝色的彩条。如果用户在此过程中有其他急需完成的工作，可以单击彩条右侧的"关闭"按钮，以中止备份。

单击此按钮，即可中止备份

秘技一点通 128

　　一旦中止备份，若想再次备份时，就必须重新备份，Time Machine 无法接续未完成的备份。

　　当 Time Machine 的自我准备就绪后，就开始进入真正的备份操作。完成备份后，会在窗口中显示出本次备份的详细信息。

　　此外，备份完成后，在 Finder 窗口中，打开该移动硬盘，即可看到装有该备份资料的文件夹。

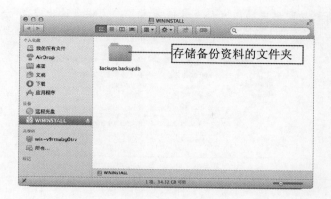

存储备份资料的文件夹

秘技一点通 129

　　如果以后要使用相同的设置建立新的备份时，只要单击系统菜单栏中的 ⏱ 按钮，在弹出的菜单中选择"立即备份"命令，Time Machine 就会对比上一次的备份，创建一个包含最近修改内容的新备份。

4. 如何解决备份时出现的问题

　　当用户在备份时，如果准备工作做得不够完善，那么在备份的过程中，就有可能会出现问题，这时应该如何解决呢？下面来看看为大家提供的解决方法。

- 备份硬盘的格式不正确：使用 Time Machine 备份，则必须使用 Mac 专属文件格式（Mac OS 扩展）的移动硬盘，因此，如果不是此格式的移动硬盘，必须先使用"磁盘工具"程序将该硬盘格式化。

- 备份硬盘的容量不足：在备份的过程中，如果 Time Machine 告知我们该磁盘的可用空间不

足时，应该将移动硬盘中的内容移至其他地方，以为磁盘腾出空间

秘技一点通130——恢复被修改的文档

在 OS X 系统中，默认情况下，文档会自动保存用户的修改操作，假如用户不小心将错误的文档修改并保存了，如果在没有备份的情况下会很麻烦，不过还好 Mac 提供了一项"复原"功能。

实际上 Mac 的每一次自动保存当前所修改后的文档文件时，之前的文档并没有被删除。在这种情况下，用户只需要简单的操作即可将之前的文档还原。

如在"文本编辑"程序中创建了一个文本文件，之后在不小心修改后又将其保存了。此时在"文本编辑"运行的情况下，选择应用程序菜单栏中的"文件" | "复原到"命令，在此命令的子菜单中可以发现之前的版本，同时用户还可以选择"浏览所有版本"命令，此时将进入一个全新的界面，选中之前的版本单击"恢复"按钮，即可将之前的文档恢复。

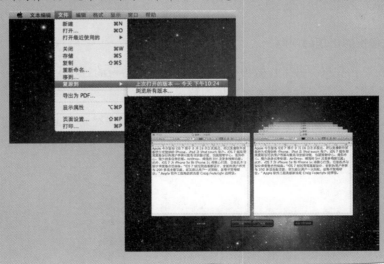

12.1.2 利用 Time Machine 恢复系统文件

如果不小心将 Mac 中重要的文件删除了或者损坏了，此时也大可不必担心，我们可以通过 Time Machine 将其复原。

1. Time Machine 界面简介

单击系统菜单栏中的  按钮，在弹出的菜单中选择"进入 Time Machine"命令，即可进入 Time Machine。

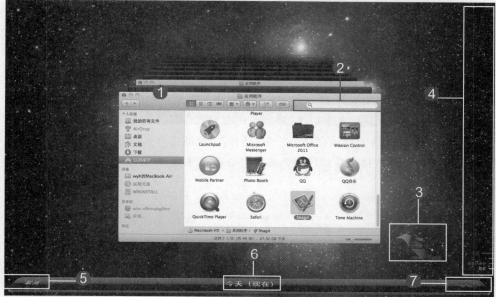

❶Finder 窗口：该窗口会根据不同的备份时间来显示所存储的文件和内容。

❷搜索栏：在 Time Machine 的 Finder 窗口中，同样可以利用搜索栏来快速查找在某个时间点被删除的文件和内容。

❸时间按钮：分别单击不同方向的箭头，可以浏览 Finder 窗口中不同时间点的文件夹。

❹时间刻度：在此单击特定的时间，可以快速浏览该时间点的内容。

❺取消：单击此按钮，即可退出 Time Machine 界面。

❻时间状态：显示当前的 Finder 窗口处于哪一个时间点。

❼恢复：单击此按钮，可以将文件恢复到当前时间点的 Finder 窗口。

秘技一点通 131——如何进行屏幕截图

如果要捕捉全桌面，同时按下 shift + ⌘ + 3 组合键；如果要进行区域截图，可以同时按下 shift + ⌘ + 4 组合键。

2. 使用 Time Machine 复原文件

在 Time Machine 界面的右侧，选择备份的时间点，接着在 Finder 窗口左侧的边栏中选择项目，然后在 Finder 窗口右侧的窗格中选择要恢复的文件夹或文件，单击鼠标右键，从弹出的快捷菜单中选择"将'XXX'恢复到"命令。

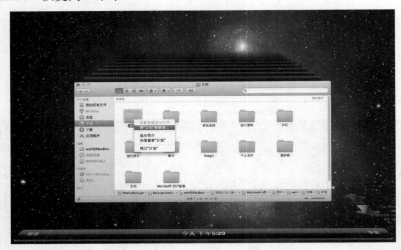

接下来需要为恢复的对象指定保存目录。在弹出的"选取文件夹"窗口中，单击"新建文件夹"按钮，再为新建的文件夹命名（如这里命名为"备份文件"）并单击"创建"按钮，然后再单击"选取"按钮。

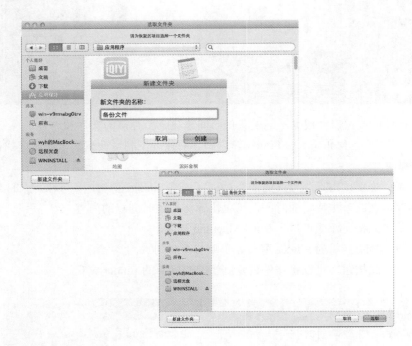

返回 Finder 窗口的"应用程序"项目中，就会看到一个名为"备份文件"文件夹，双击打开该文件夹，即可看到已恢复的文件。

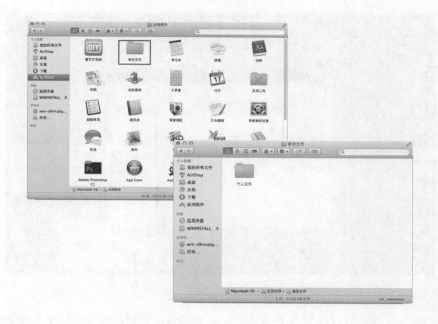

3. 搜索要恢复的文件

如果用户备份过很多文件，一时找不到自己所需要的那份备份文件，此时就可以使用 Time Machine 的搜索功能来快速搜索。

在 Time Machine|Finder 窗口的搜索栏中输入要搜索文件的关键词。此时系统会自动显示出搜索的结果，然后用户再根据需要选择要恢复的文件即可。

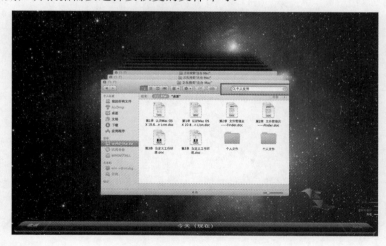

4. "本机快照"功能

在 MacBook 系列的笔记本中，有一种独特的功能，即"本机快照"。该功能会在每个小时针对已变动的文件建立一份备份，然后再存储在内置的磁盘上。

紫色刻度就是连接移动硬盘时所建立的备份时间点

白色刻度就是"本机快照"功能所建立的备份时间点

5. 使用 Time Machine 恢复整个系统

当系统出现问题时，只要以前用 Time Machine 备份过，就可以通过备份快速恢复整个系统。

恢复前，首先将移动硬盘连接到 Mac 中，然后在启动电脑时按住 option 键，打开登录界面后，在登录界面中选择"恢复-10.9"磁盘。

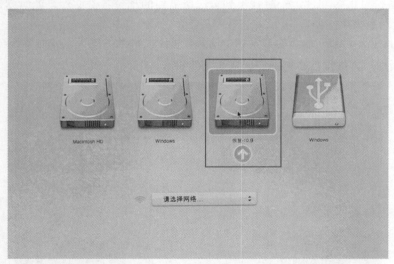

进入"OS X 实用工具"界面后，选择"从 Time Machine 备份进行恢复"选项，再单击"继续"按钮。

进入"恢复系统"界面后，直接单击"继续"按钮。

进入"选择备份源"界面后，选择之前使用外接硬盘保存备份的磁盘，然后再单击"继续"按钮。

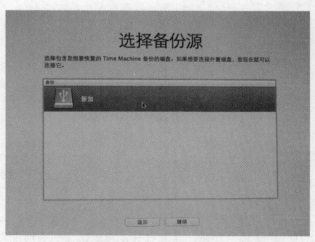

进入"选择备份"界面后，会看到列表中列出了以前创建过的所有备份点，从中选择一个要恢复的备份点，单击"继续"按钮。

进入"选择目的位置"界面后，选择需要恢复的磁盘，如这里要恢复操作系统，那么就应该选择安装操作系统的磁盘，然后再单击"恢复"按钮，即可开始恢复。

12.2　设置安全性能

12.2.1　防火墙

与 Windows 相同，OS X 也为用户提供了防火墙功能，有了此项功能，可以将具有安全隐患的程序或者用户阻挡在外，单击 Dock 工具栏中的"系统偏好设置"图标，打开"系统偏好设置"窗口，然后再单击"安全与隐私"图标。

在弹出的偏好设置面板中，切换到"防火墙"标签，单击左下角的按钮对设置进行解锁，此时将弹出一个对话框提示用户输入密码，完成后单击"解锁"按钮。

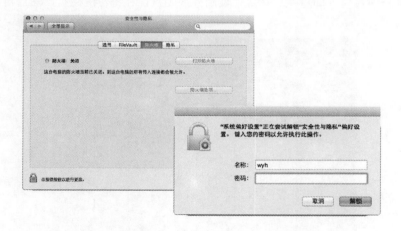

当解锁后，单击"打开防火墙"按钮，将其打开，再单击"防火墙选项"按钮，此时将弹出一个新窗口。

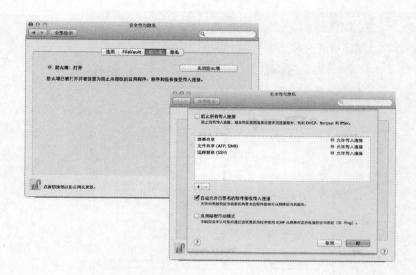

在弹出的窗口中选择一个应用程序，如 QQ，选中 QQ 图标后单击窗口右下角的"添加"按钮，此时应用程序被添加至列表中，再单击右下角的"好"按钮确认设置。

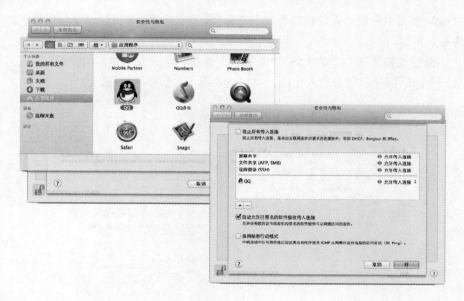

秘技一点通 132

　　如果勾选了"阻止所有传入连接"复选框，将阻止除基本服务以外后的所有连接，适用于对安全等级要求较高的情况下使用。

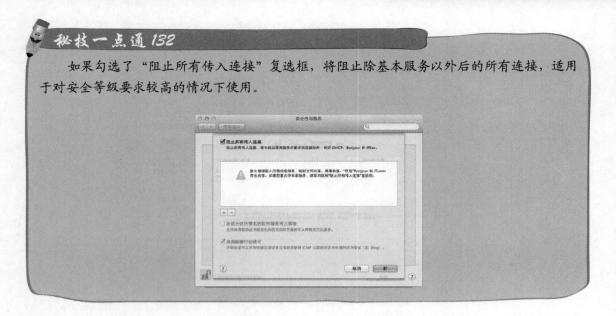

12.2.2　数据加密

　　单击 Dock 工具栏中的"系统偏好设置"图标，打开"系统偏好设置"窗口，然后再单击"安全与隐私"图标。

　　在弹出的偏好设置面板中，切换到"FileVault"标签，单击左下角的按钮对设置进行解锁，此时将弹出一个对话框提示用户输入密码，完成之后单击"解锁"按钮。

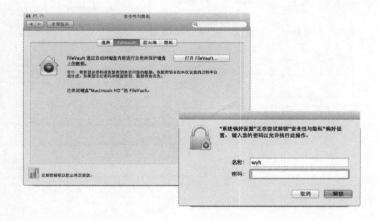

　　在弹出的面板中，单击"打开 FileVault"按钮，此时将弹出一个新的窗口，在窗口中可以看到系统提示：每个用户在解锁磁盘之前都必须键入密码，选择其中的一个用户，单击"设置密码"按钮，即可弹出设置密码窗口。

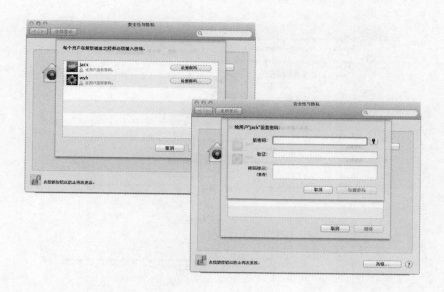

当密码设置完成后，单击用户名右侧的"启用用户"按钮，此时原来的按钮位置将被一个绿色的对号标志所替代。

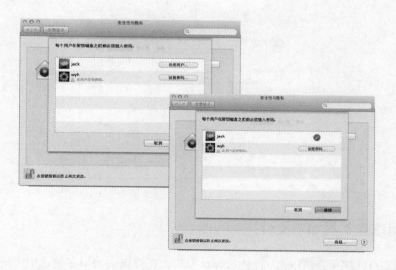

此时再次单击"继续"按钮，系统会弹出提示，显示一串文字与字母相结合的恢复密匙串，此时用户需要妥善保管，当忘记密码之后只有利用它才能访问被锁定的磁盘，此时再单击"继续"按钮，将弹出一个询问对话框，系统提示用户：Apple 可以储存用户的恢复密匙，此时如果点选"将恢复密匙储存到 Apple"单选按钮，系统会提示用户输入安全性的问答题目，输入完成后，当前用户的密匙就可以存储至 Apple 的服务器端而不会因为自己的丢失而造成不必要的损失。

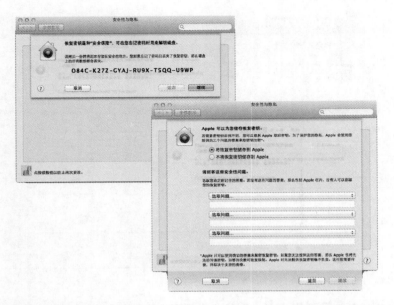

当完成输入问答题目后，系统会提示用户重新启动 Mac 以开始执行加密过程。

12.2.3　使用磁盘工具加密文件夹

单击 Dock 工具栏中的 图标，启动 Finder 窗口，在弹出的窗口左侧选中"应用程序"，在右侧窗口中选择"实用工具"｜"磁盘工具"。

选择应用程序菜单栏中的"文件"|"新建"|"文件夹的磁盘映像"命令，此时将弹出一个窗口，选择要加密的文件夹，再单击"映像"按钮。

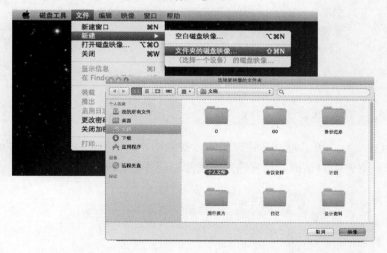

选择要加密的文件夹之后，将弹出对话框询问用户需要存储的位置，以及加密的方式，将位置更改为想要存储的位置后，选择"加密"为"128 位 AES 加密（建议）"，设置完成后，单击"存储"按钮，此时将弹出密码输入对话框，在对话框中输入密码后单击"好"完成设置。

秘技一点通 133

　　如果勾选了"在我的钥匙串中记住密码"复选框，系统将记住密码，每当用户访问时就无需输入再次密码。如果在没有别人使用这台 Mac 的情况下，是可以勾选的，如果有多人使用这台 Mac，为了安全起见建议取消勾选。

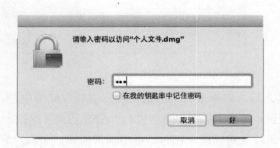

　　将文件夹加密完成后，可以将原文件夹删除，找到刚才所保存的映像文件夹的位置，双击文件夹，会弹出要求输入密码对话框，只有输入正确的密码才能访问。

12.2.4　钥匙串访问

　　"钥匙串"是一个管理密码的实用程序，用户可以将常用的密码添加到钥匙串中，只要这个钥匙串处于解锁的状态，那么在打开应用的时候就无需输入密码，全部可以自动登录。

12.2.5　新建钥匙串

单击 Dock 工具栏中的 图标，启动 Finder 窗口，在弹出的窗口左侧选择"应用程序"，在右侧窗口中选择"实用工具"｜"钥匙串访问"。

在弹出的窗口中可以看到当前系统中用户所拥有的所有钥匙串，在左侧的边栏中可以看到"登录"钥匙串显示为加粗样式，表示默认钥匙串，而右侧列表则显示了所有在该钥匙串中保存的"钥匙"。

秘技一点通 134

登录账户以后将自动获得一个名为"登录"的钥匙串，这就是用户默认的钥匙串，登录系统后自动解锁，该钥匙串的密码就是登录密码。

选择应用程序菜单栏中的"文件"｜"新建钥匙串"命令，在弹出的对话框中输入钥匙串名称，完成后单击"创建"按钮。

此时将弹出一个提示用户为当前用户的钥匙串创建一个新的密码对话框，在对话框中输入密码，单击"好"按钮确认。

秘技一点通 135

由于苹果公司一直以来都很重视用户的安全，所以在创建密码的时候假如创建的密码过短或者不安全，系统会提示用户指定的密码不安全，需要更长或者更安全的密码。通常情况下，创建的密码应多于 6 个字符，并且不能使用容易被猜到的单词。

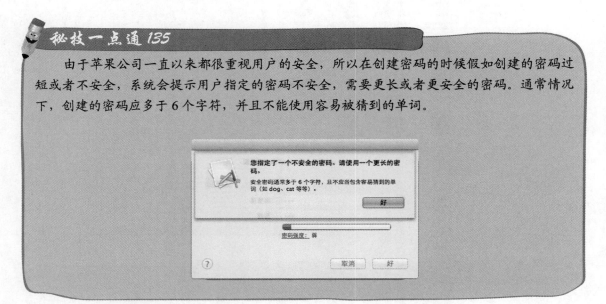

12.2.6　添加密码

新建钥匙串后，就可以将密码添加到该钥匙串中了，选择应用程序菜单栏中的"文件"｜"新建密码项"命令，此时将弹出一个新的对话框，提示用户设置钥匙串项的名称、账户名称、密码等信息。

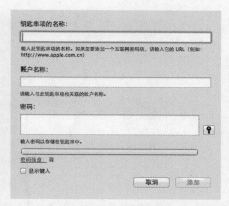

如果密码是某个网站的登录密码，则将网站地址作为该钥匙串项目名称，如果添加的是某个应用程序的密码，则该应用程序的登录界面中必须包含有"在我的钥匙串中记住密码"选项。在对话框中勾选该项后进入程序，则其密码会被添加至默认钥匙串中。

如果想要添加到此钥匙串的项目位于另外一个钥匙串中，可以直接将该项目拖至此钥匙串中，比如将"登录"钥匙串 Evernote 应用程序的密码拖至"wyh"中，此时将弹出一个对话框询问用户是否允许添加，输入密码后单击"允许"即可。

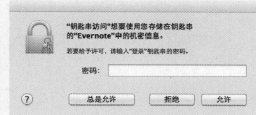

12.3　寻找 Mac

当用户把 Mac 丢失、遗忘后，可以通过强大的 iCloud 功能找回。通过它可以找到 Mac 所处的位置，并且还能帮助用户锁定这台 Mac，同时使用另外一台 Mac 可以在地图上看到当前用户的 Mac 所处的位置，甚至可以使用随身的 iPhone、iPad 来查看，在 iCloud 中支持远程锁定、远程数据清涂、播放声音、发送消息等，所以，再也不怕 Mac 丢失或者遗忘了。

打开"Finder"窗口，单击 iCloud 图标，打开 iCloud 偏好设置窗口。

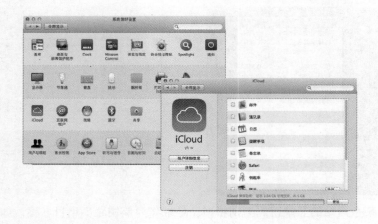

在弹出的窗口右侧列表中，勾选"查找我的 Mac"复选框，此时将弹出一个对话框询问用户是否允许"查找我的 Mac"使用此 Mac 的位置，单击"允许"按钮即可。

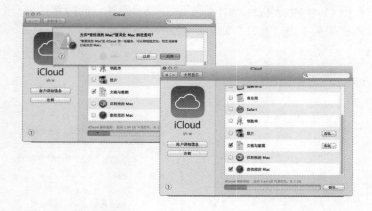

单击 Dock 工具栏中的 ⬤ 图标，启动 Safari 浏览器，在打开的浏览器的地址栏中输入 www.icloud.com，进入 iCloud 主页，登录 Apple ID，在主界面中单击"查找我的 iPhone"即可。

12.4   常见的故障排除

无论 Mac 多么安全和稳定，它终究是电子类产品，凡是电子类产品都会有出故障的可能，不管是硬件还是软件方面，当 Mac 的硬件出现问题，我们可以通过联系苹果公司的售后来解决；当软件方面出现简单的小问题时，我们就可以通过自己所了解的排除故障的方法来解决。

12.4.1   强制退出

在运行程序的过程中发现程序卡住不动了，这时可以利用"强制退出"功能来将程序快速果断地关闭。

单击"苹果菜单"栏中的 图标，在弹出的菜单中选择"强制退出"命令，此时将弹出一个窗口，在窗口中选中没有响应的程序，单击右下角的"强制退出"按钮，即可将程序强制退出，当 Finder 出现这种情况时可单击右下角的"重新开启"按钮。

秘技一点通136

当某个程序未作出响应的时候，可以在 Dock 工具栏中其图标上右击鼠标，从弹出的快捷菜单中选择"强制退出"命令。

秘技一点通 137——快速查看详细系统信息

单击"苹果菜单"栏中的 🍎 图标，可以在弹出的菜单中选择"系统信息"命令，以查看 Mac 的系统信息，假如想要查看更详细的信息，可以在单击按钮的时候按住 option 键，再选择"系统信息"命令即可。

秘技一点通 138

其实在 Mac 中很多隐藏的小技巧大多与 option 键有关，如按住 option 键选择"关机"、"重新启动"命令即可快速关闭或者重启 Mac。

12.4.2　活动监视器

Mac 中的活动监视器类似于 Windows 中的任务管理器，单击 Dock 工具栏中的 图标，启动 Finder 窗口，在弹出的窗口左侧选中"应用程序"，在右侧双击"实用工具" | "活动监视器"图标，打开程序。

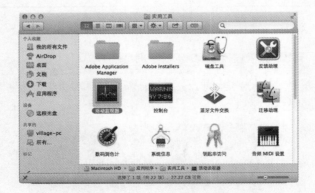

在弹出的窗口中可以看到当前系统中的 CPU、内存、能耗等信息，切换至不同的标签可以查看相应的不同的信息。

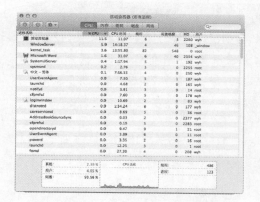
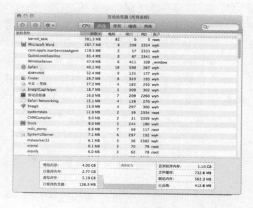

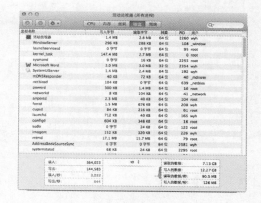

秘技一点通 139——临时取消 Mac OS X 登录启动项

　　Mac 中有一项设置可以在开机后自动启动用户指定的应用程序，假如添加了过多的开机启动项，势必会对开机的速度造成影响。如果在某次开机的时候这些开机启动项不想取消，但是又需要很快进入系统，这时可以在开机后，当系统进入登录界面的时候按住 shift 键的同时单击"登录"按钮，这样在启动的时候系统就不会加载用户所设置的开机启动项了。

秘技一点通 140

　　在按下开机键之后立刻按住 shift 键则系统将进入安全模式；在启动 Safari 前按住 shift 键，可以临时取消并恢复之前的窗口；在最小化窗口的时候按住 shift 键单击左上角的最小化按钮，会发现最小化的动画速度会比原来至少慢一倍。

　　在 Mac 中关于 shift 键的技巧很多，并且随着版本的不断更新，用户可以发现更多和 shift 键有关的小技巧。

秘技一点通 141——防止 Mac 进入休眠状态

如果遇到有别的事情要做，又打算一直运行电脑执行诸如下载、转码之类的任务不想让 Mac 进入休眠状态，此时，可以通过在"终端"中输入一个简单的代码来实现。

单击 Dock 工具栏中的 Finder 图标，在弹出的窗口中选择"应用程序"｜"实用工具"｜"终端"，在打开的"终端"窗口中输入以下代码：

```
pmset noidle
```

输入完成后，按 return 键确认，这样只要不退出"终端"命令，且 Mac 在不断电的情况下就永远不会进行休眠状态，如果不想让终端执行此命令将其退出即可。

12.4.3 系统变慢

无论是 OS X 系统还是 Windows 系统，在正常使用的过程中速度变慢是一件十分令人抓狂的事情，例如正在紧张进行的工作，这样对计算机的速度就要有一定保证，虽然 Mac 的配置大多属于中高端，在速度方面完全可以保证，但是由于我们人为的因素而造成的系统程序运行变慢是可以通过简单的方法来解决的。

如在正常使用的过程中突然发现计算机运行速度变得卡顿、缓慢，遇到这种情况该如何解决呢？首先查看是否运行了过多的后台程序，一旦后台程序运行得过多，势必会加重系统的负担，在有限的内存空间里无法容下更多的程序，此时可以通过关闭暂不需要的程序来加快系统运行速度。观察 Dock 工具栏中的程序图标，发现图标底部指示灯亮起的就是正在运行的程序，此时可以在其图标上右击鼠标，从弹出的快捷菜单中选择"退出"命令，将程序退出。

还有一种方法就是单击"苹果菜单"中的🍎图标，从弹出的菜单中选择"强制退出"命令，在弹出的窗口中选择需要退出的程序，单击"强制退出"按钮即可退出程序。

使用以上的方法都可以留出更多的计算机内存空间从而加快系统运动速度。

秘技一点通 142

　　由于"强制退出"命令多用于长时间未作出回应的程序，所以，在正常情况下尽量不要使用，因为它的退出方式是强制性的，无论当前程序运动到什么程度，如正在编辑的文本文档因为插入的图片或者声音项目比较大而产生的暂时无响应，可以稍等片刻等程序作出回应，假如在此时强制退出程序，就有可能丢失未保存的工作。

12.4.4　Safair 变慢

随着用户频繁使用 Safair 浏览网页，长久以来会产生很多的历史记录文件，虽然这些文件表面看似无影响，但实际上它会降低系统运行的速度，在这种情况下，可以尝试还原 Safair。

在 Dock 工具栏中单击🧭图标，打开 Safair 浏览器，选择应用程序菜单栏中的 Safair | "还原 Safair"命令，此时将弹一个对话框，在对话框中勾选需要清除的项目单击"还原"按钮，清除完成后 Safair 将重新启动，再次使用 Safair 浏览网页的时候会发现速度明显变快。

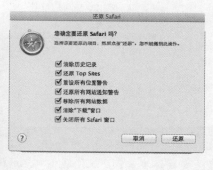

12.4.5 字体错误

如果用户在编辑文档完成后，准备打印的时候才发现文稿错误，很有可能是字体文件损坏，这时可以找到字体文件进行验证，并找到损坏的字体文件将其删除即可。

单击 Dock 工具栏中的 图标，启动 Finder 窗口，在左侧选中"应用程序"，在右侧的窗口中双击"字体册"图标，启动程序。

在"字体册"窗口中的列表中选择类似损坏的字体，右击鼠标，从弹出的快捷菜单中选择"验证字体"命令。

此时将弹出验证窗口，在窗口中可以看到系统提示用户当前字体的情况，是否通过字体验证，假如验证结果显示字体发生损坏的现象可以选中当前字体，再单击右下角的"移除选中项目"按钮。

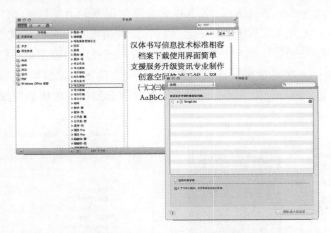

秘技一点通 143——如何延长笔记本电脑电池的寿命

将键盘亮度调整为弱光，就能减少电池的消耗。

第 13 章 Mac 与 Windows 双系统的安装

对于经常使用 Windows 操作系统的用户，使用苹果笔记本会有些不太适应，许多用户喜欢在苹果电脑上安装双系统，比如再安装一个 Windows 系统，本章分两种方法来讲解将最新 Windows 8 操作系统安装在苹果电脑上的方法。

13.1 安装 Windows 操作系统前的准备工作

安装双系统时需要以下的准备工作：

- 存储器或光驱：如果使用移动硬盘来安装系统，首先要准备 U 盘或移动硬盘，在使用 Boot Camp 助理安装时用作"iSO 映射"，保证有足够的空间，如果是 64 位系统不能少于 4GB；如果使用光盘安装，要确认苹果电脑带有光驱。
- Windows 安装盘或镜像文件：准备 Windows 8 的安装光盘或 iSO 格式的镜像文件。
- 足够的硬盘空间：苹果电脑上，保证有 20GB 左右的空余硬盘空间。

13.2 使用虚拟机安装 Windows 8 系统

苹果公司的 MacBook 沿继了其一贯风格，外观时尚、线条优美、界面个性化超强，其稳定性散热功能更是一绝，深受广大用户的喜爱。但对于一些习惯于 Windows 操作环境的用户来说，刚换到 Mac 操作环境会非常不习惯，所以很多人会在 Mac 上安装双系统。下面就来讲解两种安装双系统的方法。首先来看如何使用虚拟机安装 Windows 8 系统。

13.2.1 安装虚拟机

在为 MacBook 安装 Windows 8 系统之前，需要做好两项准备，一是虚拟机软件，这里使用的是 Parallels Desktop for mac 软件；二是 Windows 8 系统镜像文件，一般指 iSO 格式文件。

首先是安装 Parallels Desktop for mac 虚拟机软件，推荐安装目前最新的 Parallels Desktop 9，将弹出一个进程文件，提示安装，稍等片刻将出现 Parallels Desktop 9 的安装界面，双击"安装"图标，即可将其安装。

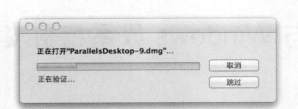 

安装好 Parallels Desktop 9 后，将启动"Parallels 向导"界面，选择新建虚拟机，再选择"安装 Windows 或其他操作系统（从 DVD 或镜像文件）"，然后单击"继续"按钮。

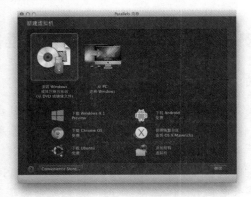

13.2.2　准备系统镜像

·单击"继续"按钮后，将进入"从该位置安装"界面，此界面中共有 3 个选项供选择，"DVD"、"镜像文件"和"USB 驱动器"。如果用户的苹果电脑装有光驱，并在光驱中确认插入 Windows 8 安装光盘，可以选择从"DVD"来安装；如果电脑中存有 Windows 8 的镜像安装文件，可以选择"镜像文件"来安装；如果使用的是 USB 驱动器，即通过 USB 接口接入的外接存储器，则可以选择"USB 驱动器"。

由于这里使用的是 U 盘镜像安装，所以选择"USB 驱动器"选项，单击"继续"按钮，如果系统没有查找到安装文件，可以通过单击下方的"自动查找"按钮来自动查找操作系统，当系统查找到操作系统后，将进入"选择安装"界面，并且已经找到的操作系统。

选择要安装的系统后，单击"继续"按钮，进入"Windows 产品密钥"界面，由于 Windows 8 暂不支持快速安装模式，所以撤选"快速安装"复选框，然后根据提示输入产品密钥。

单击"继续"按钮，进入"与 Mac 集成"界面，根据需要选择如何使用 Windows 程序，比如选择"如同 Mac"，将没有 Windows 桌面，只有 Windows 程序，合并我的文档、音乐和图片并可同时供 Windows 和 Mac 的应用程序使用；选择"如同 PC"将 Windows 桌面与程序保持在同一个窗口内，便可以在 Windows 与 Mac 之间拖放目标以及剪切和粘贴文本。这里选择的是"如同 PC"。

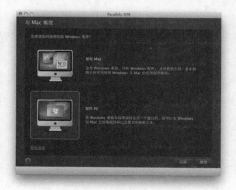

单击"继续"按钮，将进入"名称和位置"界面，可以在下方相关的位置自行设置，注意在这里选择"安装前设定"复选框，以进行安装前的设置。

13.2.3　Windows 通用设置

单击"继续"按钮将弹出"Windows 8.1-通用"窗口，选择"安装前设定"复选框的目的就是为了将硬盘和内存进行合理的分配，以便更顺利的安装 Windows 8 系统。比如可以将"CPU"设置为两个，"内存"可以设置为 2GB，这里内存的设置可以根据电脑的配套来设置，一般设置为原内存的四分之一即可，但最好不要低于 1GB。

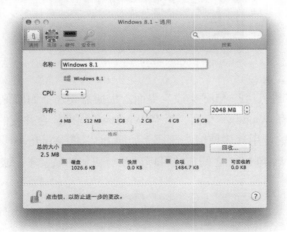

在"Windows 8.1-通用"窗口中，还有其他设置选项，"选项"标签页面建议默认，"硬件"标签页面选择"视频"选项，视频设置直接影响显示效果，这里需要进行设置，显存大小的分配根据主机显存来设定，建议最大化显存即显存分配大小等于主机显存大小。

　　在选择"硬件"标签页面中的"软盘"选项，单击下方的"　－　"按钮将其删除，因为这个功能早已没有人用了建议删除。

　　硬盘的选择上可以使用默认设置，当然用户也可以根据自己的需要来重新设置，建议扩展型磁盘，32 位 Windows 8 空间 20GB 以上，64 位 Windows 8 空间 30GB 以上。

　　设置完成后，将"Windows 8.1-通用"窗口关闭，此时可以看一看"虚拟机配置"界面，下面就可以开始安装 Windows 8 操作系统了，如果此时感觉有些设置不满意，可以单击"配置"按钮

再进行设置。

13.2.4　安装 Windows 8

所有设置完成后，单击"继续"按钮，便可以开始安装 Windows 8 操作系统，系统将自动开启 Windows 8 操作系统的安装界面。

稍等片刻将进入"Windows 安装程序"界面，根据提示选择语言、时间、输入法等，然后单击"下一步"按钮准备安装系统。

单击"下一步"按钮后，将进入一个提示安装界面，单击"现在安装"按钮即可。

　　单击"现在安装"按钮后，将弹出一个界面，并提示输入产品密钥激活 Windows 8，在文本框中输入产品密钥，然后单击"下一步"按钮继续安装。

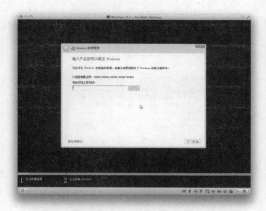

　　此时将弹出"许可条款"界面，阅读许可条款后，选择"我接受许可条款"复选框，然后单击"下一步"按钮。

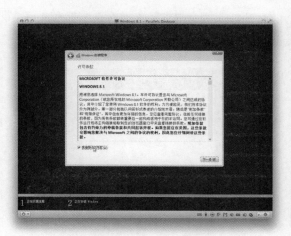

　　接下来将看到"你想执行哪种类型的安装？"界面，上半部分是自动升级系统；下半部分是

自定义安装。因为我们并不是在原系统上升级，所以选择第二种自定义。

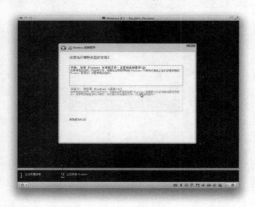

进入自定义安装后，将弹出"你想将 Windows 安装在哪里？"界面，可以看到硬盘的分区列表，默认选择的是前面设置的分区，这里的安装和 Windows 以前的安装设置相同，可以新建分区也可以在原来的分区上进行安装，需要注意的是，如果你是新装系统，可以对硬盘进行格式化处理，以清除以前的文件。设置完成后单击"下一步"按钮，继续安装。

下面将看到激动人心的 Windows 安装界面，系统会自动将 Windows 8 安装在苹果电脑中，注意安装的过程中，系统会自动重启，此时只需要静静的等待即可。

等待安装系统完成后，虚拟机将自动重启，并且进入首次运行的设置界面，这些设置比较简

单，根据提示进行设置即可。

配置完系统后，再次重启，就可以看到 Windows 8 的界面了。

接下来要完成虚拟机 Windows 8 系统安装的最后一步，这也是最重要的一步。Parallels Desktop for Mac 虚拟化软件提供了 Parallels Tools，该工具包中主要包括了虚拟化系统必备的驱动模块以及双系统融合模式的重要部件，需要将这些部件安装。选择应用程序菜单栏中的"虚拟机" |"安装 Parallels Tools"命令。

打开"Parallels Tools 安装代理"界面，并显示安装的进度，安装 Parallels Tools 主要用途是系统驱动与 Mac 双系统融合。

为虚拟机中 Windows 8 系统安装好 Parallels Tools 工具包后，就可以开始体验 Windows 8 系统的乐趣。Parallels Desktop 虚拟化软件提供了融合模式，可将 Mac 与虚拟化系统融合为一，使用极为方便。另外 Windows 8 系统建议全屏体验，支持触摸板手势操作。

13.3　使用"Boot Camp 助理"安装 Windows 8 系统

前面讲解了如何使用虚拟机安装 Windows 8 系统的操作方法，下面我们就来讲解如何使用 Boot Camp 助理安装 Windows 8 系统。

在 Finder 应用程序菜单中单击"前往"命令，在弹出的菜单中选择"实用工具"命令，打开"实用工具"界面。

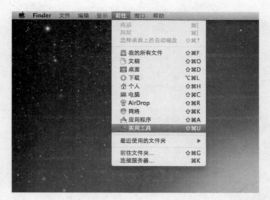

　　在打开的"实用工具"界面中，选择"实用工具"资料夹下的"Boot Camp 助理"文件，双击该文件。

　　打开"Boot Camp 助理"界面，从中可以看到"Boot Camp 助理"的简介内容，直接单击"继续"按钮。

　　此时将打开"选择任务"界面，在该界面中，选择"创建 Windows 7 或更高版本的安装盘"复选框，也可以选择"从 Apple 下载最新的 Windows 支持软件"复选框，这里通常选择"创建 Windows 7 或

更高版本的安装盘"复选框，然后单击"继续"按钮继续。

秘技一点通 144

　　如果在此处选择"安装或移除 Winodws 7 或更高版本"复选框，则可以打开"创建用于Windows 的分区"界面，根据需要进行分区设置。

　　打开"创建用于安装 Windows 的可引导 USB 驱动器"界面，单击"ISO 映射"右侧的"选取"按钮，选择 ISO 映射文件，同时要准备一个外接存储 U 盘或移动硬盘，并保证有充足的空间，这里在"目的硬盘"位置将显示出该外接存储器的相关信息。

秘技一点通 145

　　需要注意的是，"Boot Camp 助理"仅支持64位Windows安装，如果想安装32位的Windows则需要使用虚拟机安装 Windows 8 系统的方法。

　　设置完成后，即可进入 Windows 8 的安装界面，安装方法与使用虚拟机安装 Windows 8 系统中的操作几乎完全一样，这里不再赘述。